漫畫量子力學 5

量子科技誕生

李億周이억주 著　洪承佑홍승우 繪　陳聖薇 譯

雷射、奈米機器人、量子電腦的祕密，
與費曼、霍金等大科學家一起
認識原子研究的新發展

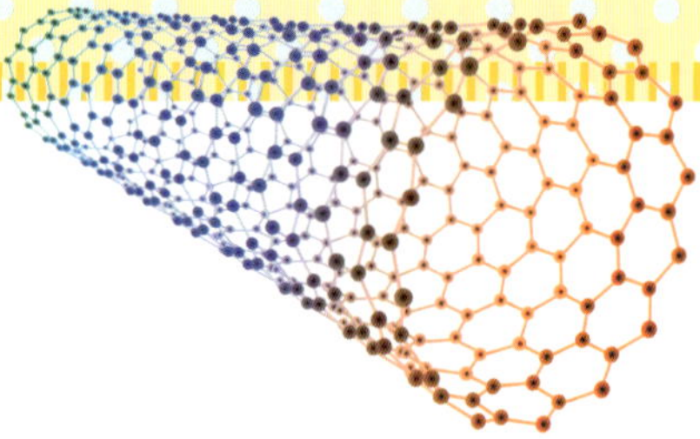

目次

哇啊！

一起邁向
最後的
時空旅行！

前言

漫畫家的話

大家好，我是漫畫家洪承佑。從小我就很尊敬科學家，因為科學家探究我們居住的地球，以及思考宇宙萬物如何出現、依循什麼法則。

假設眼前有一顆蘋果，我們將這顆蘋果對半切、再對半切、再不斷對半切的話，會出現什麼呢？沒錯，就是原子，原子就是形成世間萬物的基本單位。量子力學就如同原子，探索再也無法分割的單位內所發生的物理現象。

從遙遠的古希臘時代開始，就有人對那小之又小的世界充滿疑惑與疑問，科學家歷經數千年的探究之後，我們已經知道原子裡面有什麼、如何運作，但還有許多我們未知、必須知道的真相。

好奇是哪些科學家帶著這些疑問、做了什麼研究嗎？我們一起透過漫畫學習他們的故事，以及原子世界的物理法則。本書我們要與多允一家人一起回到過去，在原子的世界裡探險。

好的！大家是不是準備好，要與漫畫裡的角色們一同進入眼睛看不見的小小世界呢？

我們開始吧！

洪承佑（漫畫家）

作者的話

大家如果沒有手機或電腦的話，可以生活嗎？

應該會有種回到原始時代的感覺吧。

今日科學帶給我們生活上的各種便利，就是因為量子力學才有登場的機會，尤其是手機與電腦採用的半導體原理，也可用量子力學說明。

科學發展的歷史上有兩回「奇蹟之年」，第一次是一六六六年，牛頓發現了萬有引力定律與運動定律，並說明月亮與蘋果的運動；第二次是一九〇五年，愛因斯坦發表光電效應的偉大論文，奠定量子力學基礎。牛頓的運動定律是探索可以用眼睛看見的宏觀世界，量子力學則是研究無法用眼睛看到的微觀世界。

想完全理解量子力學，真的不是一件簡單的事情，但只要保有好奇心，就能看見某個物質是由什麼形成、物質內發生了什麼事。

好奇心是探索科學最大的基礎，這本書就是帶著好奇心探究物質世界科學家的故事。從古希臘哲學家德謨克利特，到成功讓量子瞬間移動的安東・塞林格，透過這些對量子力學有所貢獻的科學家，為大家介紹微觀世界。

李億周（作者）

登場人物

鄭多允、金敏瑞、Mix
好奇心滿點的三劍客。
透過時空旅行一同展開量子力學大冒險。

多允的家人
彼此愛護的
一家人。
相聚時總是
充滿歡笑。

身分不明的可疑人物
妨礙時空移動的謎樣人物，
他們究竟是誰？

理查・費曼
美國物理學家
（1918～1988）

默里・蓋爾曼
美國物理學家
（1929～2019）

查爾斯・本內特
美國物理學家
（1943～）

弗蘭克・克洛斯
英國物理學家
（1945～）

史蒂芬・霍金
英國物理學家
（1942～2018）

西奧多・梅曼
美國物理學家
（1927～2007）

埃里克・德雷克斯勒
美國奈米科學家
（1955～）

安東・塞林格
奧地利物理學家
（1945～）

第1章 愉悅的天才科學家——費曼

呈現電子與光子關係的費曼圖

老師稍微
換了個造型。
墨……
墨鏡？
跟之前
戴墨鏡的時候
感覺不太一樣。
哐
春天去戶外郊遊的
時候老師有戴。
啊……
是這樣嗎？
呼……
老師就像是擁有
兩張臉……
轉頭
好，我們開始
參觀吧！
老師為什麼
這麼慌張呢？
這個嘛……
多允，
你看看我哪裡
不一樣？

呃……
這比量子力學
還難。
嘮嗦嘮嗦
唉唷！
一看就知道了啊，
怎麼會猜不出來？
什麼啊，
幹嘛這樣？
雖然我一直都很聰明，
今天又變得更聰明了！
不准吐！
不久後
Albert Einstein
是愛因斯坦！
創造出相對論的天才科學家。

喔——不錯喔！
你看不起
我嗎？
那麼，妳知道
愛因斯坦為什麼
獲得諾貝爾獎嗎？
當然知道！
是因為相對論
得獎的。
哈哈！
答錯！
他是因為
研究光電效應
而得獎的！
光電效應？
光電效應是光照射金屬，
電子彈跳而出的現象。
光
電子
金屬
原來是跟相對論
一樣重要的研究啊。
因為愛因斯坦
研究光電效應，
人們才開始
接受光的
波粒二象性。
粒子
波動
啊……同時具有
粒子與波動的性質！

光是粒子！
是波動！
科學家
為此……
爭論了很長
一段時間。
雖然十九世紀末發現了
光的性質是電磁波。
光是
電磁波！
你看，
就說是波動！
19世紀末
但僅用這一點，
並無法說明光電效應。
波動的話，
是不可能出現
這種現象。
愛因斯坦為了說明
光電效應，提出了……
光是波動，
也是斷斷續續搬運能量
的粒子（光量子）！
這一主張就是
「光量子論」。

光量子論
是量子力學
的基石。
啊……
原來如此！
這兩個人又在討論
量子力學。
他們又要
時空移動了嗎？
愛因斯坦果真是
地球上最優秀的天才。
不。
還有一個人。
誰？
哇！他是什麼人？
美國物理學家
理查．費曼！
我也不太清楚，
只知道他是個
天才。
什麼啊

那麼……
出發！
自動
費曼與
天才結合！
他們出發了！
我先去一下廁所！
你們在這裡等我！
好。
嗒噠
看起來很急
艾波，
妳快過來科學館！
他們時空移動了！
我現在很忙！
正在幫狗狗美容！
嗒
噠
呃啊！
那我去找妳！
啊……
我去找妳……
心
動
欲擒故縱
成功。

一九六五年，
美國加州理工學院
哇，
是狗狗！
驚！
好可愛！
搓揉
搓揉
呃！
討厭
時空移動這麼多次，
第一次看到這麼開心的反應。
看起來是位
個性開朗的人。
你叫什麼名字？
我不會
說人話！
他是我的狗，
名字叫 Mix。
我是多允。
我是敏瑞。
啊……
好像老了
10歲

看你們的長相
跟說話的樣子，
應該是從韓國來的。
哇！
我對世界各國
很有興趣。
韓國是個有趣的
國家。
轉轉轉
我最想去的
國家是圖瓦！
我沒有
問你
抱
起
圖瓦？
第一次聽到。
是隸屬於蘇聯的
自治共和國。
歐
洲
蘇
聯
圖瓦
中
國
我看世界地圖時，
發現了這個小國家！
超級想去！
好特別！
您好像圖瓦後援會的會長？
後援會？
是喜歡圖瓦的人
的集會。

我們想要請問教授
量子電動力學的問題。
嘿嘿，
所以時空移動，
從未來過來嗎？
呃啊！
哈哈哈！
如何？
我的想像力
很豐富吧！
嚇死我了
因為你們，
讓我一大早的怒氣都消失了！
怎麼了？
一早接到一通突如其來的電話……
費曼教授，
恭喜您獲得
諾貝爾
物理獎！
真的是令人
無言。
不是啊，是獲得
諾貝爾獎耶？

是很棒的消息啊，
為什麼教授要
生氣？
哐
哐
沒事幹嘛
一早打電話來！
我睡得正香耶！
無
話
可
我又不是為了錢
才研究物理！
只是覺得
量子力學很有趣，
所以才研究！
我才不要拿
諾貝爾獎！
根本就是個小孩！
你們想想看，
為了領獎，必須跑到瑞典，
多麻煩啊！
還要接受訪問！
煩 ×100！
請問

教授，
可是如果您
不去領獎的話，
會出現更煩人
的事情。
？
啊啊！
哇
哇
請問您
為什麼要拒領
諾貝爾獎？
是這樣嗎……
很有
說服力喔！
事實就是
這樣啊
另一邊
呼，
終於到了。
靠近
急著跑去找妳，
不知道太陽眼鏡
有沒有戴好。
應該看不出來是我吧？
心
動
是的……
看不出來。
來偷聽看看？
啊……
理查・費曼
撲通
撲通

教授，量子電動力學真的好難懂！
所以我才做出費曼圖。
Feynman 費曼 Diagram 圖
Diagram 是什麼意思？
簡單的說就是圖表，將數量或是彼此的關係畫成圖。
是
不是
是
是
不是
A
B
C
月亮
地球
太陽
V
A
如何將量子電動力學變成一張圖呢？
說明電子與光子之間的相互作用，就是量子電動力學！
電子
光子
量子電動力學
我用圖表呈現出電子與光子之間的相互作用。

時間
A
事件
B
空間
我們生活的世界
有時間跟空間。
假設
縱軸是時間，
橫軸是空間，
那麼從 A 角度
看 B 點發生的事件，
就可以畫成這樣。
電子與光子移動
也會產生事件嗎？
是的
這張圖表示移動中的電子。
隨著
時間的流逝，
電子的位置
會改變。
時間
空間
這是光子。
所以電子是
直直的移動，
光子是彎彎曲曲的
移動嗎？
不是，
這只是為了區分
兩者而訂下的約定。

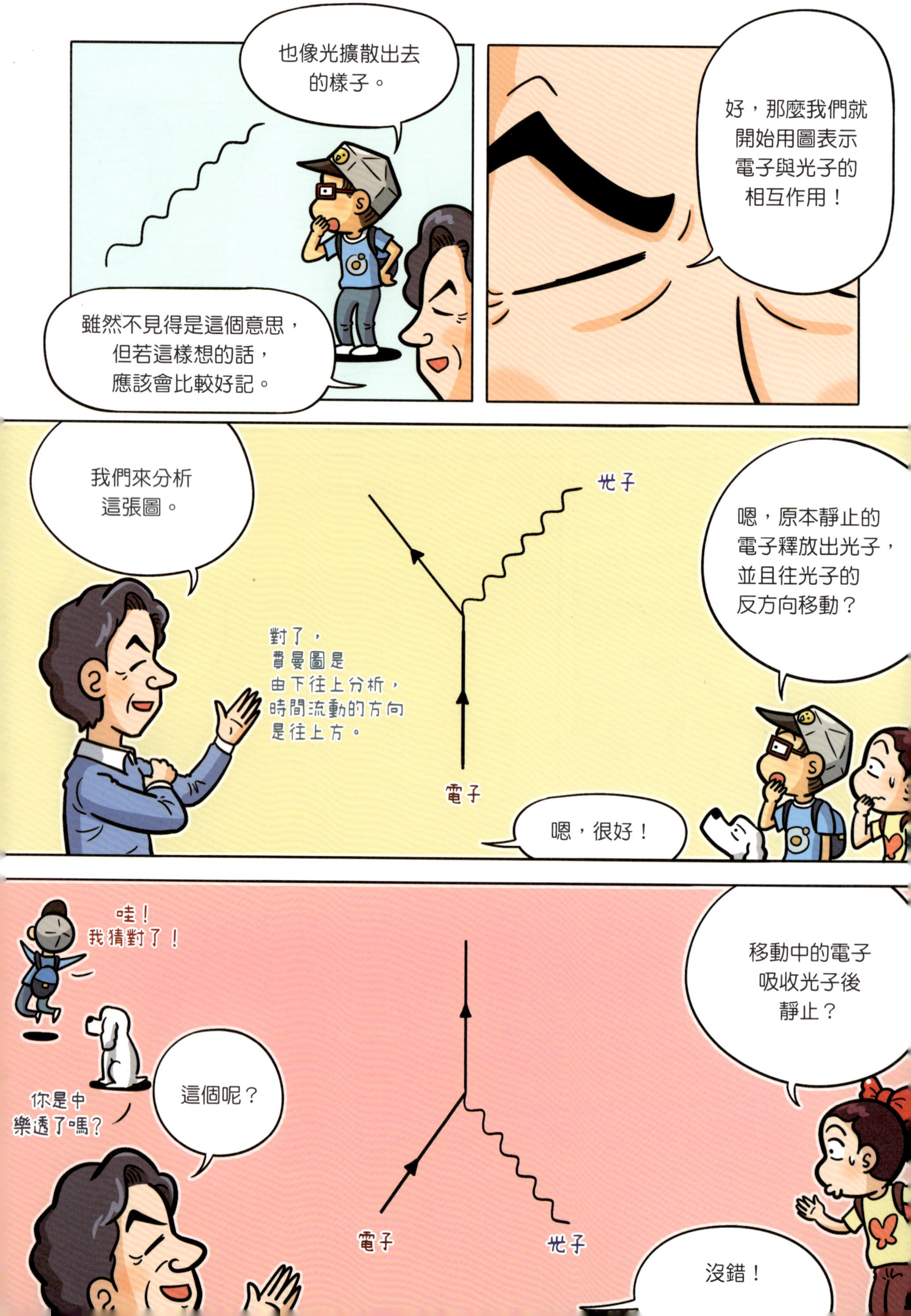
也像光擴散出去的樣子。
雖然不見得是這個意思，但若這樣想的話，應該會比較好記。
好，那麼我們就開始用圖表示電子與光子的相互作用！
我們來分析這張圖。
光子
電子
對了，費曼圖是由下往上分析，時間流動的方向是往上方。
嗯，原本靜止的電子釋放出光子，並且往光子的反方向移動？
嗯，很好！
哇！我猜對了！
你是中樂透了嗎？
這個呢？
移動中的電子吸收光子後靜止？
電子
光子
沒錯！

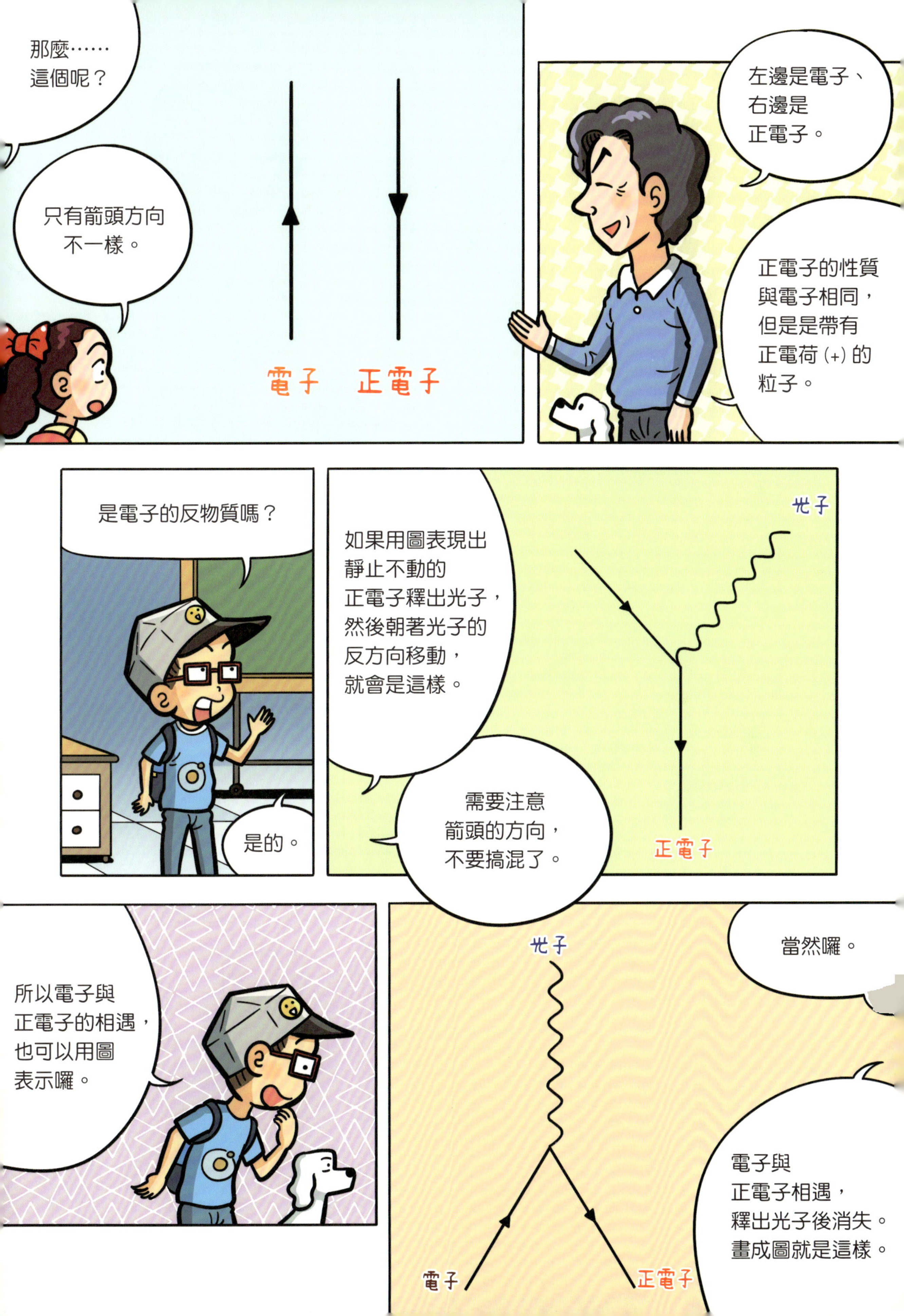
那麼……
這個呢？
只有箭頭方向
不一樣。
電子
正電子
左邊是電子、
右邊是
正電子。
正電子的性質
與電子相同，
但是是帶有
正電荷(+)的
粒子。
是電子的反物質嗎？
是的。
如果用圖表現出
靜止不動的
正電子釋出光子，
然後朝著光子的
反方向移動，
就會是這樣。
光子
正電子
需要注意
箭頭的方向，
不要搞混了。
所以電子與
正電子的相遇，
也可以用圖
表示囉。
當然囉。
光子
電子
正電子
電子與
正電子相遇，
釋出光子後消失。
畫成圖就是這樣。

光子也可以變成
電子與正電子。
像這樣表示！
正電子
電子
光子
哇哈哈！
我果真
是個天才！
啊，是啊
光子
電子
電子
正電子
光子
這次是應用題！
這個又是什麼呢？
嗯……
光子變成電子與正電子，
正電子再與另一個
電子相遇變成光子？
鏘
賓果！
現在你們都學會
費曼圖了吧？
哈哈哈！
呃
是的！
啊
電子之間要進行相互作用，
就必須有光子。

光子
電子
電子
這個圖是兩個電子相互接近，交換光子後遠離的樣子。
說明光子在電子與電子之間產生了斥力＊。
太強了，居然可以這麼簡單的說明量子電動力學……
不對，我現在是在想什麼啊！
？
往前倒
！
啊！
？
汪
汪
糟了！
你們為什麼也在這裡？!

＊兩物體彼此互推的力量。

原來你們
認識？
那麼你們也是
時空移動來的嗎？
哈哈！
還是你們是從
我最喜歡的國家
「圖瓦」來的？
嘻嘻。
對了！
就是這個！
是的，沒錯！
我們來自圖瓦！
喔喔！
真的嗎？
是的，教授，
我們可以帶您
認識圖瓦！
喵！
教授，
不要被他們騙了，
他們是……
汪
汪
太好了！
我先拿一下
重要的文件！
唰
呃！
抱歉，
孩子們，
我要去圖瓦一趟，
你們就在
這邊玩吧！
啊

快速
收好行李
就去圖瓦！
先回我家
一趟。
呼哈哈……很好！
事情很順利，
就這樣去他家，
然後處理掉！
點頭
教授！
不可以！
抓
呃！
暈眩
啊！怎麼這時候
時空移動啦！
誰叫你要
抓住教授啦！
哇
啪

第2章 基本粒子世界的上上下下

組成粒子的夸克

有點奇怪。
轉頭
轉頭
什麼？
我們時空移動時，
那兩個人都會出現，
不是嗎？
似乎是……
一直在附近監視著我們。
喔！有可能喔，
我們要多警戒一下周遭！
五分鐘後
什麼警戒……
又累、又睏……
呼呼……
明明很順利，
為什麼突然回來了？
啪
喵

因為我想上廁所，
所以……
你不是去了
費曼教授家的廁所！
就是說啊
可是……
苦惱要拿衛生紙，
還是不要拿衛生紙。
哐
抖抖
因為拿了就會回到現在。
結果你還是
拿了衛生紙。
清潔還是
最重要的！
不過在碰到的一瞬間
就會時空移動，
你是怎麼處理的？
嘿嘿
就以光的速度
處理好了，
呵呵。
噁心！
光想就覺得
很髒！
所以
幹嘛問……

喔！
Boss 打來。
嗡嗡～
是的，
我知道。
……
掛
？
Boss 叫我們
現在過去，
馬上去南山
祕密研究所！
咦？
那個人不是
愛犬店的店員嗎？
旁邊那個人是？
愛犬店店員
在約會！
快跟去看看！
嗒噠

喂，那是侵犯隱私！
不要多管閒事。
噠
噠
噠
太陽下山了，
我們回家吧。
幾天後
哇，我們到濟州島了！
真的好久沒有旅行了！
咻咻咻
JEJU IN
你在說什麼！
去年明明就去了
瑞士、法國和英國！
可是……
對了，
就是從那時候
開始時空
移動……
什麼時空移動，
我們要搭車移動！
停車場

* 自然紀念物是擁有突出獨特的價值，且為稀少的自然特質或具文化意義。

* 大火山的半山腰或是山麓生成的小火山。

RESORT
夏季音樂節
上下上上下
上、下、上、上、下。
阿公！
呵呵，你阿公真的很有趣。
有點丟臉。
阿公太累，昏倒了！
眼前一片空白……
唉唷這老人家……
上下這樣跳，讓我想到夸克。
夸克？
好像在哪裡聽過……

電子
原子
下一個是什麼呢？
質子
原子核
中子
？
該不會是……
夸克？
賓果！
衝
中子跟質子居然不是最小的，太神奇了！
擊
一九六四年，美國物理學家默里・蓋爾曼首度提出夸克的概念。
可是夸克和「上、下」有什麼關係？

因為夸克
也有分
上、下啊！
哈哈哈
喔喔！
上夸克與下夸克合體！
上
下
啪
一九六四年
美國加州理工學院
默里・蓋爾曼
教授的研究室。
默里・蓋爾曼
呃，看了教授
研究室的黑板，
頭真痛啊！
這麼複雜的算式
是什麼意思啊？
所以物理學家才常常
被稱為天才啊。
我對天才
沒興趣，
我喜歡點心～

你們是誰？
怎麼進來的？
我是多允。
我是敏瑞。
好可愛的狗狗。
您好！
牠是
Mix。
我們想認識夸克，
所以才來找您，
聽說夸克有分
上、下？
喔，你們
還是孩子，
居然對這個
有興趣，真是
太驚人了！
我們幾天前才向
費曼教授學了
費曼圖。
哇！
所以
你們知道
原子的
構造囉？
知道

由中子與質子組成的原子核，
是因為「強力」而結合。
所有的力都有某種
傳遞該力的粒子。
力
也有傳遞強力的粒子囉？
是的，這是在一九三五年，
由湯川秀樹教授
首度提出的理論。
質量介於核子與
電子中間的粒子
傳遞強力！
他命名這個
粒子……
π 介子
π介子
英文為Pion，或是Pi meson，Pi就是
希臘文字π
Meson 在希臘語是
「中間」的意思。
μέσον
十二年後，
由於實驗發現了 π 介子，
湯川教授獲得日本第一座諾貝爾獎。
NAT.
MDCCC
XXXIII
OB.
MDCCC
XCVI
ALFR.
NOBEL

原子內有質子與中子一類的核子。
唧
唧
它們之間有傳遞力的介子。
包裹到了！
力
還有環繞在核子周圍的電子。
咻！
是的。
這些粒子依據質量可分成三種。
重的粒子：重子
介於中間的粒子：介子
輕的粒子：輕子
質子與中子屬於重子。
π 介子屬於介子。
電子屬於輕子。
所有的粒子都可以分為這三種嗎？

隨著時間流逝，
陸續發現了新的重子、介子和輕子。
！
除了我們，
還有別人？
然後
出現問題了！
？
新發現的粒子的質量
各不相同。
屬於輕子的
「緲子」與介子中的
π 介子質量相似。
緲子
呃！
π介子
欸？
中子
吼！
輕子「τ 子」*，
比中子還重。
τ子
這使得依據
質量來區分
粒子，變得
越來越無
意義！
因此之後就依據
三種性質分類粒子。
1 電荷
2 自旋
3 奇異數
？
自旋？奇異數？

*「τ 子」的「τ」是希臘字母，念為「Tau」，「τ 子」的英文為「tauon」。

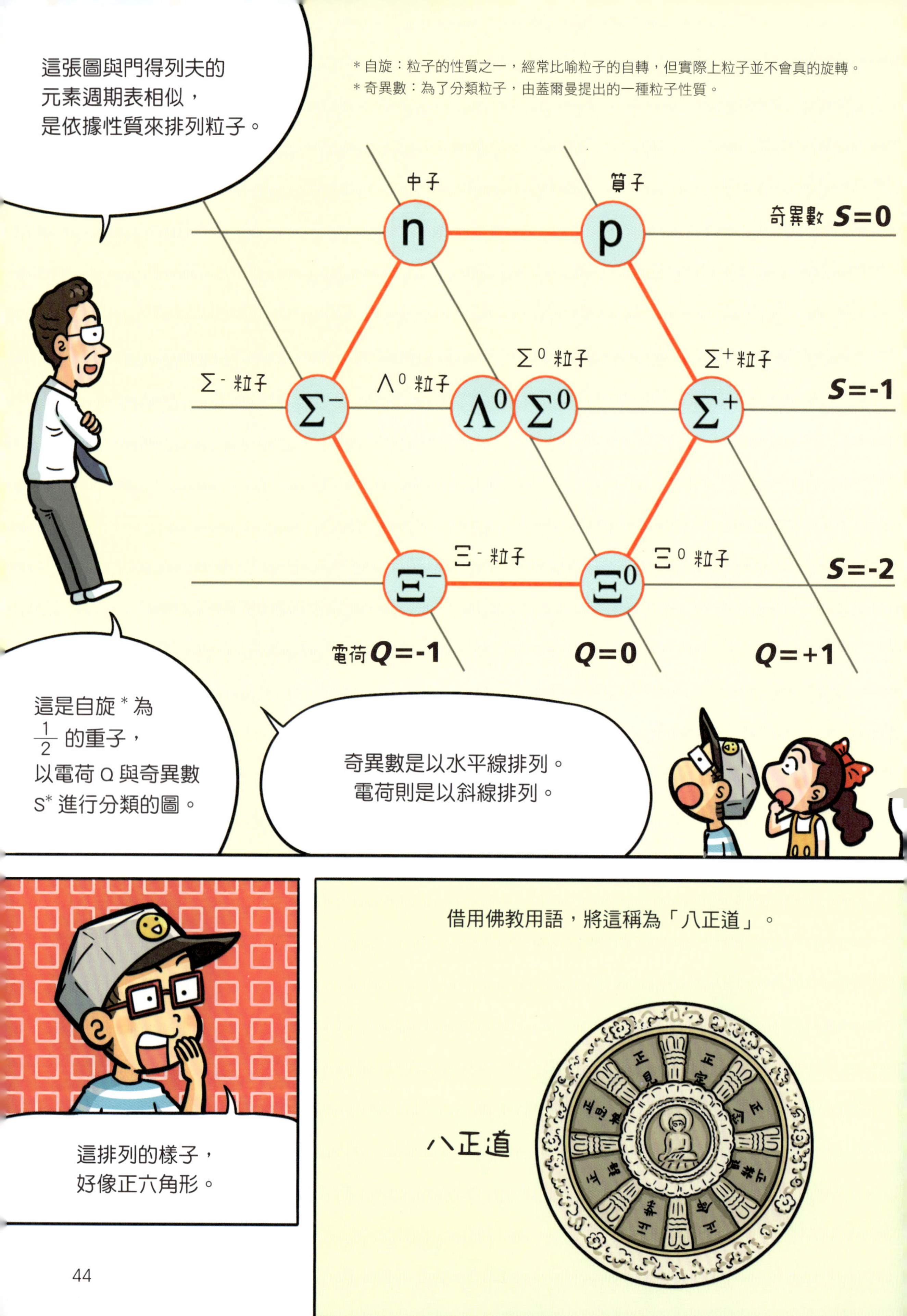
這張圖與門得列夫的元素週期表相似，是依據性質來排列粒子。
＊自旋：粒子的性質之一，經常比喻粒子的自轉，但實際上粒子並不會真的旋轉。
＊奇異數：為了分類粒子，由蓋爾曼提出的一種粒子性質。
中子
質子
n
p
奇異數 S=0
Σ⁻粒子
Λ⁰粒子
Σ⁰粒子
Σ⁺粒子
Σ⁻
Λ⁰
Σ⁰
Σ⁺
S=-1
Ξ⁻粒子
Ξ⁰粒子
Ξ⁻
Ξ⁰
S=-2
電荷 Q=-1
Q=0
Q=+1
這是自旋＊為 1/2 的重子，以電荷 Q 與奇異數 S＊ 進行分類的圖。
奇異數是以水平線排列。電荷則是以斜線排列。
這排列的樣子，好像正六角形。
借用佛教用語，將這稱為「八正道」。
八正道

畫出這個八正道後，
出現了空缺……
咦，
這裡是空的？
推測出一定有適合
這一位置的粒子的存在。
那麼……
這個位置
明明……
在排列自旋 $\frac{2}{3}$ 的重子時，
預測到空格處的未知粒子。
Q=-1
Q=0
Q=+1
Q=+2
S=0
S=-1
S=-2
S=-3
Δ^-
Δ^0
Δ^+
Δ^{++}
Σ^{*-}
Σ^{*0}
Σ^{*+}
Ξ^{*-}
Ξ^{*0}
Ω^- 粒子
可是自然界存在的元素，
都是由核子與電子
組成的……
鋰
氧
氖
硼
碳
重子、介子、
輕子卻有數十種，
很奇怪。
嗯！
該不會其實
全都是由夸克
組成的吧？
賓果！

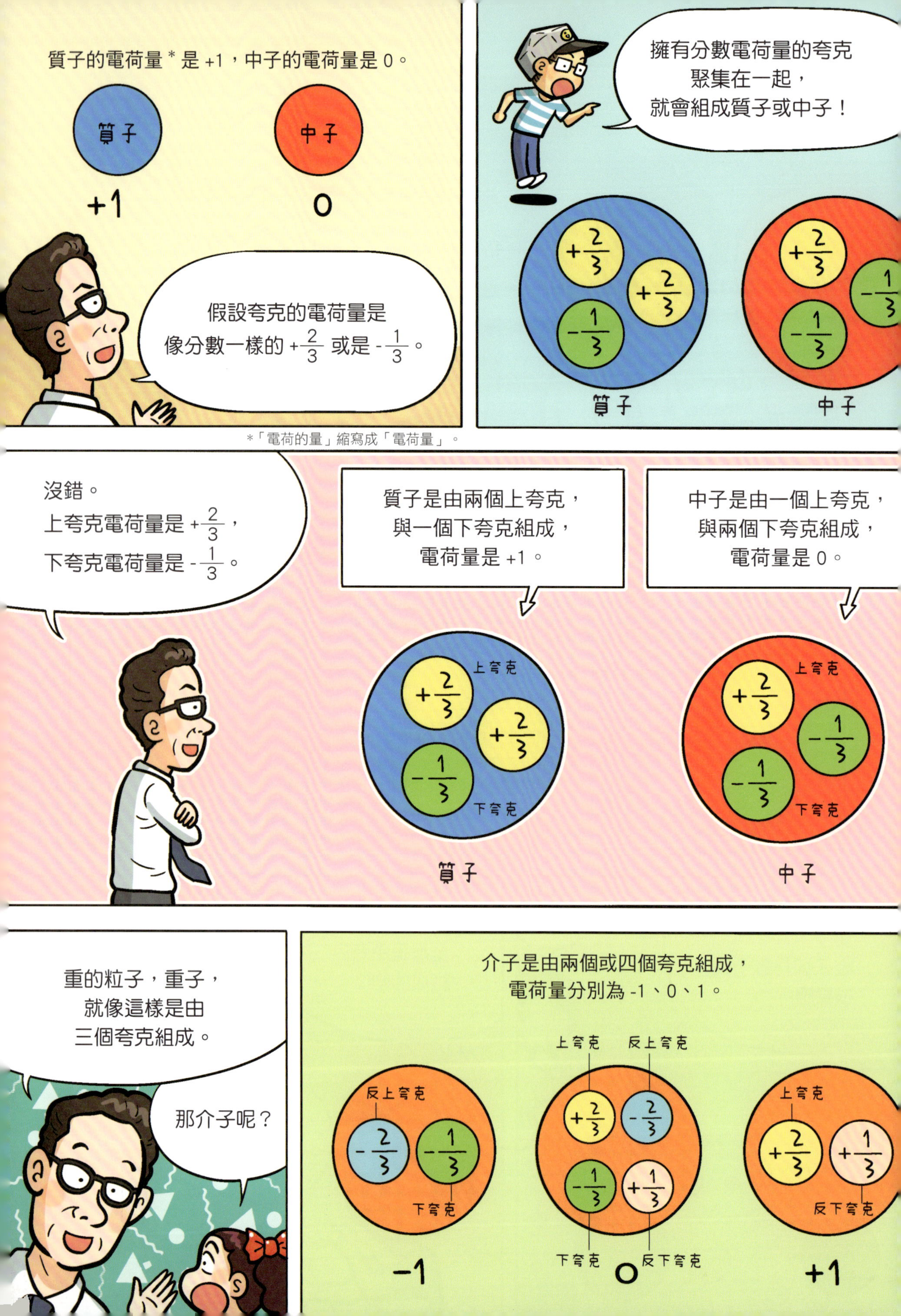
質子的電荷量＊是 +1，中子的電荷量是 0。
質子
中子
+1
0
假設夸克的電荷量是像分數一樣的 $+\frac{2}{3}$ 或是 $-\frac{1}{3}$。
擁有分數電荷量的夸克聚集在一起，就會組成質子或中子！
$+\frac{2}{3}$
$+\frac{2}{3}$
$-\frac{1}{3}$
質子
$+\frac{2}{3}$
$-\frac{1}{3}$
$-\frac{1}{3}$
中子
沒錯。上夸克電荷量是 $+\frac{2}{3}$，下夸克電荷量是 $-\frac{1}{3}$。
質子是由兩個上夸克，與一個下夸克組成，電荷量是 +1。
中子是由一個上夸克，與兩個下夸克組成，電荷量是 0。
上夸克
$+\frac{2}{3}$
$+\frac{2}{3}$
$-\frac{1}{3}$
下夸克
質子
上夸克
$+\frac{2}{3}$
$-\frac{1}{3}$
$-\frac{1}{3}$
下夸克
中子
重的粒子，重子，就像這樣是由三個夸克組成。
那介子呢？
介子是由兩個或四個夸克組成，電荷量分別為 -1、0、1。
反上夸克
$-\frac{2}{3}$
$-\frac{1}{3}$
下夸克
-1
上夸克
反上夸克
$+\frac{2}{3}$
$-\frac{2}{3}$
$-\frac{1}{3}$
$+\frac{1}{3}$
下夸克
反下夸克
0
上夸克
$+\frac{2}{3}$
$+\frac{1}{3}$
反下夸克
+1

＊「電荷的量」縮寫成「電荷量」。

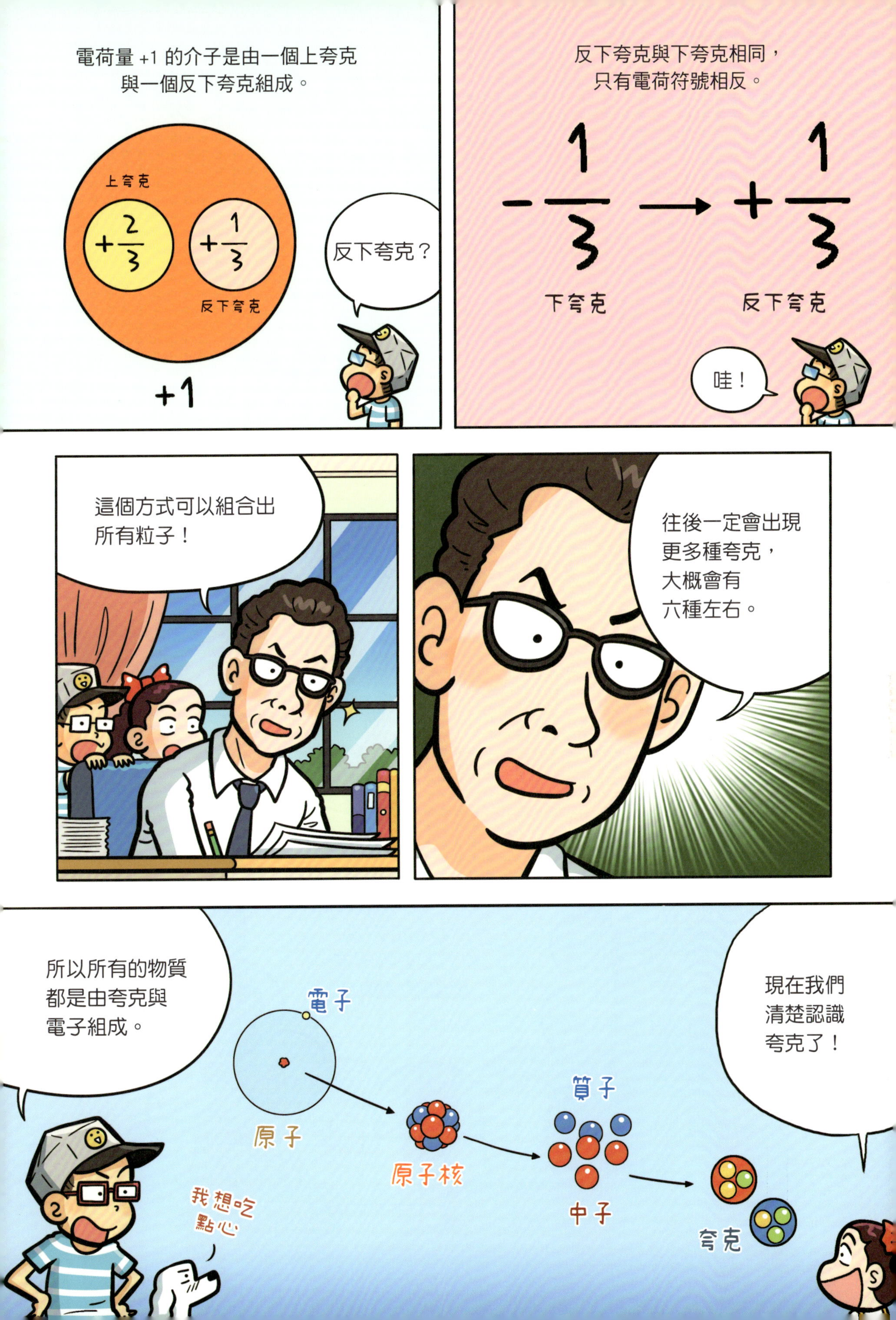
電荷量 +1 的介子是由一個上夸克
與一個反下夸克組成。
上夸克
$+\frac{2}{3}$
$+\frac{1}{3}$
反下夸克
+1
反下夸克？
反下夸克與下夸克相同，
只有電荷符號相反。
$-\frac{1}{3} \rightarrow +\frac{1}{3}$
下夸克
反下夸克
哇！
這個方式可以組合出
所有粒子！
往後一定會出現
更多種夸克，
大概會有
六種左右。
所以所有的物質
都是由夸克與
電子組成。
電子
原子
原子核
質子
中子
夸克
我想吃
點心
現在我們
清楚認識
夸克了！

這是八正道的圖，
送給你們。
謝謝！
哇
啪
阿公，
夸克總共有
幾種？
上夸克、下夸克、
魅夸克、奇夸克、
頂夸克、底夸克，
總共六種。
六個！
蓋爾曼的預測
對了！
另一邊
南山祕密研究所
我好不容易才找出
時空移動的方法，
你們怎麼到現在
還沒辦好事！
呃

那個……
因為只要碰了過去的物品，
時空移動就會結束，
所以很難做什麼！
丟
丟
我叫你們過來
不是要聽你們
辯解，還不快點
找出解決的方法！
把那個拿來
給他們！
是的。
請打開看看。
？
晃
啊！
這是？
登

第3章
衝擊！昏倒的多允
量子電腦的開始

哇！
太漂亮了！
岩石看起來好像
豎立的火柴！
這是大浦洞柱狀節理帶，
是聯合國教科文組織
指定的世界地質公園。
石頭為什麼會
變成這個樣子呢？
噴出地表的熔岩
凝固時收縮，
因此出現縫隙。

凝固的熔岩
長期歷經風化作用，
縫隙會越來越深，
看起來就像是裂開一樣。
這一種分裂地形，
就稱為「節理」。
「柱狀」就是「皇上！」的那個皇上嗎？＊
起身
不是。
所謂「柱狀」，是柱子樣貌的意思。
這個國家的梁柱就是皇上啊！
……
所以柱狀節理就是「柱子樣貌的節理」囉？
沒錯！
啊，地球科學好難啊……
反應也太大了吧！
大自然是藝術家啊，在海岸邊創造了美麗的作品。

＊韓文中「柱狀」和「皇上」發音相同。

好，
那我們現在就去找鬼吧！
啪
噫？
這世上哪有什麼鬼啊！
有沒有，
去了就知道！
哇哈～
一點都
不好玩！
噗 噗
唧 唧
咦？我們為什麼
停在路中間？
這個嘛……

呼啊！
呃嘎！
妳自己在想像遇到鬼嗎？
呃……
啊！那邊有什麼？
樹叢裡有東西在動！
不要啦！很可怕耶！
呱 呱
呃……我們應該沒有被發現吧？
應該沒有。

好，現在熄火，
入空擋，你們看好囉。
咦？
噗嚕嚕
車子居然
自動往上坡走？
噗嚕嚕嚕嚕
這裡被稱為
「鬧鬼道路」。
好神奇喔！
這根本違背了
重力法則！
噗嚕嚕
呵呵呵
這真的是
鬧鬼啊。
就說了一點
都不好玩啊！

放
這次用罐子試試看。
哇，好神奇！
為什麼會這樣呢？
滾滾滾滾
其實這裡是下坡。
什麼？
因為周遭的樹木都朝著同一方向，
讓我們出現視錯覺，將下坡路看成上坡路。
原本是下坡路
真的就像是鬼在開玩笑一樣。
嘻
嘻
嘻

愛因斯坦也覺得
量子力學就像鬼一樣。
是指
「愛因斯坦的
幽靈」嗎？
沒錯。
一九〇五年，
愛因斯坦研究
光電效應，
證實光
具有粒子的性質。
光
電子
金屬
光電效應理論
打開了
量子力學的門，
但愛因斯坦
最終還是
沒有接受
量子力學。
量子力學
就像是幽靈。
我是真實
存在的！
量子
力學
請相信我！
根據量子力學，
粒子的位置會在多處重疊，
觀察者觀測時才會決定粒子的位置。
我們只能知道粒子在某位置的機率。
唰
分身術？
A
這是古典力學
無法說明的理論。
喵嗚～

不僅是粒子的位置，
想想薛丁格的貓假想實驗＊。

打開箱子之前，
貓生存和死亡的狀態是重疊各半的機率。

＊請參考《粒子世界大發現》第六章。

上次見面時，就覺得他不簡單……
又說這種奇怪的話
好，我們現在出發吧！
應該是看書看到的。
或是夢到的吧。
妳也很好奇量子電腦的開端吧？
要出發了嗎？
啊，好，好～！
啪
很好！量子力學與電腦結合！
現在已經完全適應了
啪
我們也出發！

一九八二年，理察・費曼的家
費曼教授！
咻
您好！
喔，
你們是誰？
教授！
您去圖瓦
回來了嗎？
他可能連這個
都不記得了。
啊，
對耶！
還沒去，
你們到底是誰？
我們是從韓國來的
多允和敏瑞。
牠是 Mix。
唉唷，
真可愛！
又來了！

你們到底
為什麼
來這裡？
臉摩擦到
都腫了……
驚！
我們聽說
量子電腦的概念
是教授先想出來的。
因此來向您請教，
剛好看到門沒關，
就這樣進來了。
你們是對科學
有興趣的孩子啊！
是的！
現在剛好在研究
量子電腦。
呃～你看
這些筆記！
普通的電腦是採用
0 與 1 形成的二進數 *。
沒錯
0 1
0101111011000101010011110
量子電腦也是使用二進數，
但採用與傳統電腦完全不同的執行方式。
它是誰？
0 1

* 以 0 與 1 兩個數字呈現所有數的方法稱為「二進制」，
以二進制表現的數字稱為「二進數」。

根據量子力學，
一個粒子以機率重疊在
多個位置，
就與貓是生，
還是死的狀態
是重疊的一樣。
也就是兩種以上的狀態
可以重疊。
這就稱為
「量子疊加」。
好像愛因斯坦的
幽靈理論！
量子
力學
喔喔，
你們兩個
很聰明喔！
還有更像幽靈的現象。
當兩個粒子分隔兩地時……
知道其中一個粒子的狀態時，
就能決定另一個粒子的狀態。
這稱為
「量子糾纏」。

這次的
作戰計畫是？
我帶了食物
過來。
騙費曼這是圖瓦的食物，
然後說我們是他的粉絲，
想請他吃，
再來就處理掉。
很好！
紫菜飯捲
披薩
傳統電腦使用有著
0 與 1 兩個數中之一的
「位元（bit）」運作。
位元有兩個
0 1
資訊也是兩個！
量子電腦則是使用可以重疊
0 與 1 的「量子位元（qubit）」。
量子位元有兩個
00 01 10 11
資訊有四個！
一個量子位元，
因為 0 與 1 可以重疊，
所以兩個量子位元能
儲存四個資訊。
愛神邱比特！
別鬧了⋯
是 qubit 不是
Cupid（邱比特）……
量子電腦就是這樣以
「量子疊加」原理運作的電腦。
00 01 1 0 11
可以重疊！

因為是使用 0 與 1 重疊的狀態，所以運算速度比傳統電腦快許多。
傳統電腦
0 1
0 0 1 1 0
0 或 1
量子電腦
01
0 與 1 同時
舉例來說，10 個位元只能出現 0 到 1023 的其中一個數字。＊
2^{10bit} = 1024 個數字中的一個
＊位元有 n 個時，總共可以出現 2^n 個數字。
但是 10 個量子位元可以讓 0 到 1023 的數字同時出現。因此以 10 個量子位元運算時，會比傳統電腦快 1024 倍。
$2^{10qubit}$ = 同時出現 1024 個數字！
哇，速度真的差很多！
？
你們是誰？
哈哈哈！您好唷！
費曼教授！

我們是圖瓦料理專門店，
聽說教授喜歡圖瓦……
所以我們為您送來
圖瓦料理。
喔！
圖瓦料理？
你們！
又來了！
說謊！
他們是壞小孩！
哐
說什麼啊！
這可是圖瓦
最棒的
料理……
哇
啪
砰
看我的！

閃
!
花、花瓶
消失了！
這次一定會
打中！
砰
咻
咻
不行！
多允！
跳
倒地
可惡！再次充電
要花很多時間……
喀拉
喀拉

這傢伙！
快跑！
咦，怎麼一瞬間就不見了！
見鬼了！
我沒死
不要噴口水
多允，不要死！嗚嗚！
多允沒有消失，應該可以不用擔心。
這個……
？
中了槍居然沒事。
筆記本？
！
是的，我一直帶著阿公給我的研究筆記。

那支槍……該不會是反物質槍吧？
什麼？反物質槍？
反物質跟物質相遇產生反應後，兩者都會消失。
不過這不可能。如果這是真的……
保護你的這本筆記本沒有消失，代表筆記本是反物質！
什麼？
反物質出現在這個由物質形成的世界，就會馬上消失才對。這到底是怎麼回事？
?
總之，謝謝你救了我一命，先喝一杯熱茶穩定一下心情吧。
好的……

哇啪
噗噗
多允，你在想什麼？
啊？
沒、沒有。
居然有反物質槍……
那些傢伙到底是誰？
所以阿公是知道研究筆記的祕密，才送給我的嗎？
咻咻咻咻

第4章 量子密碼，竊聽到此為止！

無法解讀的量子密碼

好，給妳看！
妳看啊！
根本什麼
都沒有啊！
翻頁聲
真的耶。
該不會是看不見字的
祕密信件？
妳乾脆去拍
偵探推理
電影。
隔天
好，
開始做實驗！
科學班
檸檬
砂紙
鋅片
銅片
LED燈泡
首先用砂紙
摩擦鋅片和銅片的
兩端。
為什麼？
這樣銅和鋅的離子
就會出現反應。
離子？
擦擦
擦
擦

一般原子
都是保持正電荷 (+)
與負電荷 (-)
平衡的中性。
原子互相產生反應時，
會失去或是獲得電子。
這些獲得或
失去電子的原子，
就稱為「離子」。
啊，所以獲得
電子的一方
稱「陰離子」！
失去電子的
就是「陽離子」！
我現在承認妳是我的弟子～
我一點都
不想要！
我在時空移動中也學到很多！
什麼？
時空移動？
嚇死
飄
沒事！
我會安靜的
做實驗！

不要聊天，
專心做實驗。
呵呵
是。
現在要把檸檬
對半切。
！
等等！
上次妳用刀的時候
不是受傷了嗎？
這次我來。
撲
通
嘻嘻，很有趣啊！
明明就是因為
自己想切，
才這樣說的吧？
切切
接下來將銅片跟
鋅片插在檸檬裡。

然後用夾子電線，
交錯連結銅片與鋅片。
同心同心同心……
妳說什麼？
你不是說要銅片、鋅片、銅片、鋅片嗎？
同心同心
這是在搞笑嗎？
好，現在只要連接 LED 燈泡就可以了！
登
只需要夾起來的話，
我來、我來！
超集中
啪

大家都
成功了嗎？
對
是!!
沒有~
失敗的組
檸檬電池的原理
相當簡單。
獲得電子的鋅片
是負 (-) 極。
−
+
失去電子的銅片
是正 (+) 極。
這就是電池的
作用原理。
實驗都完成了，
現在來寫實驗結果報告！
好~
喂，你現在
在幹嘛？
擠壓
滴
吃的東西
不要拿來玩~
祕密信！
?
?
?
寫寫
什麼啊，你很幼稚耶，
用檸檬汁寫什麼
祕密信啊！
!

祕密信！
這個想法不錯！
幼稚也沒關係，
只要能夠傳遞
心意……
……
寫寫
給妳！
遞
！
祕密信……
是寫給我的？
妳應該知道
怎麼看吧？
回家看。
喂，鄭多允！
噠噠噠

輕輕的……
不要燒到……
輕輕的……
出現了！
浮現
敏瑞：
實驗是不是
很有趣
妳喜歡科學，
我也喜歡，
我們永遠……
燃燒
燃燒
失火了！
哇
啪
敏瑞，
妳在房間做什麼？
不可以玩火！
不是玩火，
我是在做
科學實驗！

因為媽的關係，
沒看到信的
最後一部分！
信……
是信啊？
滴
滴
對不起……
但也不能自己進行
有火的實驗啊！
所以沒有全部
看完嗎？
嗯……
是嗎？
信最後寫了什麼？
「我們永遠……」？
這要我怎麼
直接說！
該不會是……
「我們永遠一起
時空移動」吧？
呃！
對吧？
是嗎？
是吧？
沒錯吧？
嗯嗯？
停！
不過，
為什麼祕密信
只要用火熱一下，
字就會浮現呢？
這個
很簡單。

檸檬汁的成分有碳、氫、氧原子結合的「檸檬酸」。
$C_6H_8O_7$
經過火加熱後，氫與氧會揮發，剩下碳，所以能看到黑色的字。
H O H O H O H O H O
你好！
C_6
說是祕密信，但這樣的資安措施也太弱了吧！
只是檸檬汁而已，還想期待什麼……
我聽阿公說……
有量子密碼這種東西。
量子密碼？和量子電腦有什麼關係嗎？
我也不知道！
賈曼
這個嘛
時空移動去看看就知道了！
OK！
咻
嗚

我們也去吧！
量子與密碼的結合。
呃！
啪
胸口好像
被撞了個洞！
咳咳……
啪
哇
對不起，
不知不覺
就……
一九八四年，
美國 IBM 研究院
IBM
哇，
這裡滿滿
都是電腦！
都是舊電腦。
這螢幕
好像箱子，
呵呵。
冒出
什麼舊電腦！
這些都是最新型的！
這裡也能聞到
那傢伙的味道？
聞聞

你們是誰？
我是韓國來的
多允。
聞聞
我旁邊的是
敏瑞。
為什麼臉
越來越紅？
我呢？
我呢？
我們正在學習
量子力學。
什麼？
你們年紀這麼小
就在學
量子力學？
是的，
上次我們跟
費曼教授學了
量子電腦。
喔，
好厲害！
我是查爾斯・本內特博士。
看來是有問題想問，
所以才來的吧。
是的！
對吧？
我們正在
交換祕密信……
想知道量子力學
是不是也跟密碼有關係，
所以才來拜訪您。

量子力學與密碼？
正是我研究的領域，
你們的運氣真不錯！
我看看……
？
知道這個是什麼嗎？
揮
K NQxG AQW
啊
完全不知道這是
什麼東西。
一看就知道了！
是「I love you」，
對吧？
賓果！
聞
聞
K NQxG AQW
妳怎麼知道的？
因為我是
浪漫主義者～
什麼啊
那口氣
I LOVE YOU
K NQxG AQW
是的，
沒錯！
就是字母往下的
第二個字啊。
喔！

密碼主要是在戰爭時，不讓敵軍讀出我方傳遞的重要消息。
與戰爭使用的密碼相比，這種簡單的密碼，很容易解開。
丟
怎麼可以丟掉愛！
不過……
量子密碼是絕對解不開的！
量子密碼！
聞聞
依據量子力學，無法同時準確的測量到電子的位置與動量。
來抓我啊！
唰
咻
粒子的狀態皆以機率性的重疊在一起。

利用這個
量子力學的特性，
可以製作出
量子電腦。
這是上次
學的！
!
傳統電腦只使用
0 與 1 來運作。
0101
01110101000101
!
量子電腦不只
0 與 1，
還使用 0 與 1 的
重疊狀態。
就是
量子位元！
量子位元
00 01 10 11
位元
0
1
量子位元
0
1
你們學得
很詳細！
量子密碼就是使用 0 與 1 重疊的
量子疊加狀態的密碼體系。
0
1
若有人從外部
觀測一次量子位元……
0
1

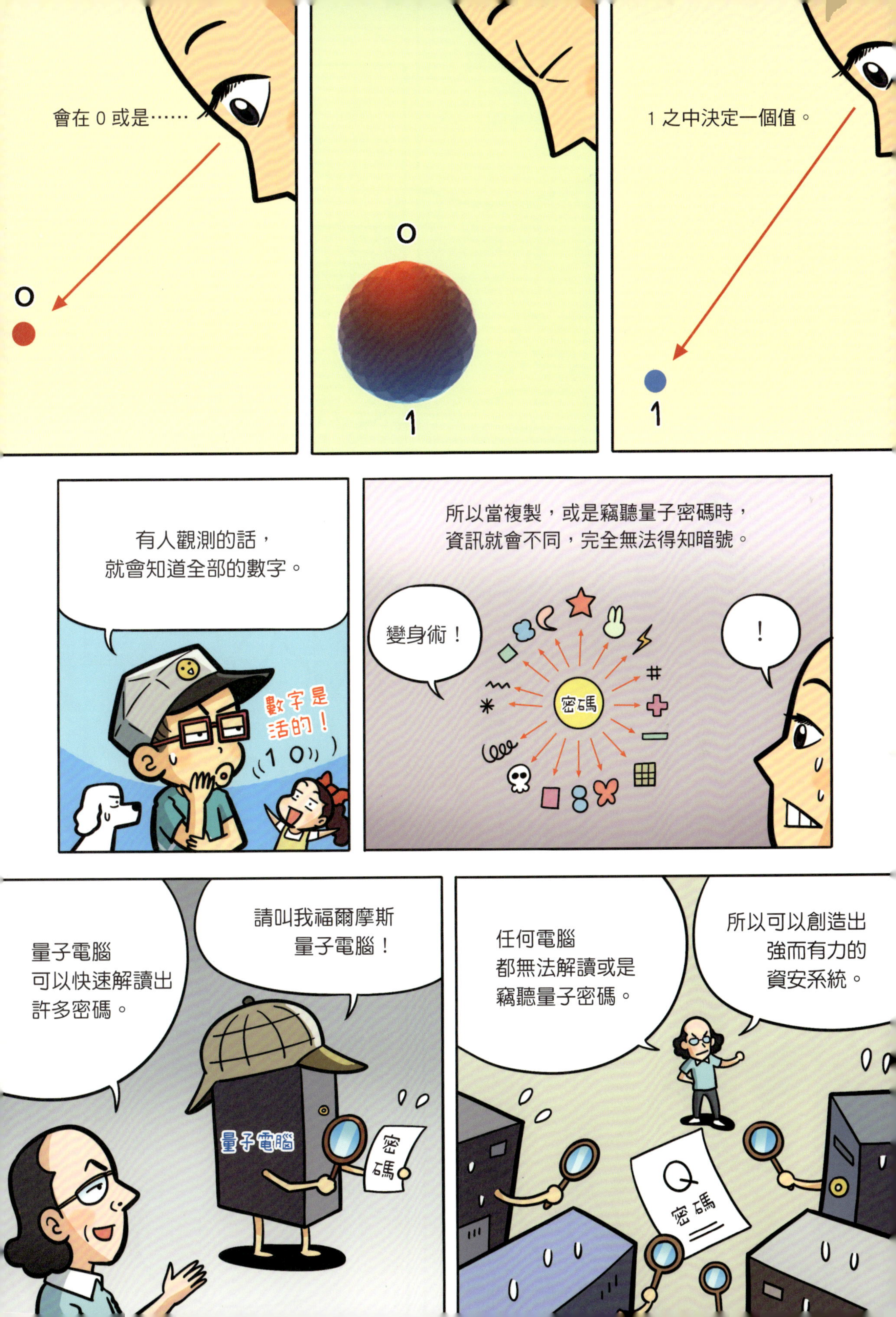
會在 0 或是……
0
0
1
1 之中決定一個值。
0
1
有人觀測的話，
就會知道全部的數字。
數字是活的！
1 0
所以當複製，或是竊聽量子密碼時，
資訊就會不同，完全無法得知暗號。
變身術！
密碼
！
量子電腦
可以快速解讀出
許多密碼。
請叫我福爾摩斯
量子電腦！
量子電腦
密碼
任何電腦
都無法解讀或是
竊聽量子密碼。
所以可以創造出
強而有力的
資安系統。
Q
密碼

擋
量子電腦與量子密碼猶如長槍與盾牌。
嗯，不久的將來，量子密碼也會被解開吧？
咦，傳來一陣奇怪的味道！
喔，你們又是誰？
汪汪！
布拉薩德博士寫了一封祕密信要轉交給您，是用檸檬汁寫的。
遞
跟我一起研究量子密碼的布拉薩德博士寫祕密信給我？
這還是第一次……

你是何時寫好這封信的？
科學課的時候。
悄悄話
悄悄話
博士！那兩個孩子很危險！他們有奇怪的槍！
怒
不就是孩子，怎麼會危險？
抽
是布拉薩德博士的信，還是要看一下。
!
唰
我們要除掉量子力學！只有古典力學才是我們的救贖！
消失吧！
砰

啊！
咻
啪
挺住
！
信……
信消失了！
這次
一定要……
砰
咻啊啊
砰
欸！
這些數字
是什麼？
啊，
這次也失敗了！
快跑！
嗒
噠
就不能
射準一點

發……發生了
什麼事情？
您還好嗎？
本內特博士？
因為嚇到了，頭有點痛。
你們還有什麼問題的話，
可以聯絡我。
我今天要稍微
休息一下了
剛剛那信上面寫著
要除掉量子力學。
咻
啊
那兩個人的目的
好像是要除掉
量子力學。
只有他們兩個
不可能做到
這種事情，背後
說不定有更龐大
的組織。
剛剛研究筆記
蹦出許多數字，
這是怎麼回事？
總之，
要問問阿公
才行！

第5章

就算是黑洞也能逃出！

奇異點和事件視界

阿公、阿嬤！
我們來了！
來啦、
來啦。
阿公，你最近
也常常跳那個
「上、下」嗎？
嘻嘻。
當然！
當作運動，
每天早晚
都跳！
哈
哈
老頭，
有點過頭
了喔！
阿公，
我有一件事情
想問您。
什麼事？
就這個
筆記啊……
抽
喔！

?
給我！給我！
筆記的事情
以後再說！
!
悄悄的
阿公一定有
什麼祕密！
比起那個，
你先看看這個。
即使掉進黑洞，也有洞可以逃出
霍金提出「事件視界」新假說
即使掉進黑洞，
也有洞可以逃出。
汪
去接
阿公，
黑洞不是因為
重力過大，
是連光都無法
逃出的天體嗎？
是的，所以才稱為
「黑色的洞」。

不愧是長期研究
黑洞的霍金教授。
在霍金教授之前，
也有許多人研究黑洞。
什麼？
牛頓的重力法則
發表之後，
就有人預見到
黑洞的存在。
我提出的重力
法則，是黑洞
研究的開端。
科學家認為重力到
無限大的情況下，
連光都無法逃出。
之後黑洞有著各種名稱。
!
嘖
暗星
冰凍之星
俄國科學家
又暗、又冷、
又可怕，
都是負面的
名字耶。
好可怕
為什麼要
這樣對我！
一九六七年美國物理學家
約翰‧惠勒開始使用
「黑洞」這一名稱。
也就是
「黑色的洞」。
可是……

嚴格說來，
不是我發明黑洞
這個詞彙。
啊！
怎麼回事？
惠勒演講黑洞主題時……
Dark Star
這個天體因為
重力而完全變成
塌縮的星……
博士，我們可以
直接稱呼它為
「黑洞」嗎？
喔！這名字不錯。
從那時起，
惠勒就開始使用
「黑洞」這個
名稱。
結果是
無名的聽眾
取的名字！*
黑洞！
是聽眾取的
名字
一九七五年，
史蒂芬・霍金教授
提出了一個讓全世界
譁然的理論。
聽好囉～
黑洞
不是黑的！
欸！
哐

＊這位提出「黑洞」名稱的無名聽眾，可能是美國物理學家羅伯特 · 迪克。

呵呵！
不是說黑洞會將宇宙的物質，連光都吸走，所以看起來是黑色的嗎？
看來時空移動讓你越來越聰明喔。
什麼？
時、時空移動？怎麼會……？
唉唷！
不、不是啦，是隨著時間流逝，你越來越聰明了……
是……
不過，霍金教授為什麼會說黑洞不是黑的呢？
也不是這種顏色喔～
……
這個只要直接去問霍金教授不就好了？
啊！您怎麼知道我可以時空移動？

那、那個……
唉，我還是希望你
不會遇到這種事情。
什麼？
那本研究筆記整理了
我在時空移動時
學到的東西。
哐
所以阿公也會
時空移動?!
按住
我們去外面說。
現在我說的話
是祕密。
嘰咕
嘰咕
當然！
您現在還可以
時空移動嗎？
現在
不行了。
很久以前，
我沉浸在量子力學時，
偶然開始了時空移動。

阿公時空移動時，
也曾遇到壞人嗎？
！
有！
果然！
那些人是古典力學的
信仰者。
年輕時的
阿公
是深信量子力學
必須被毀滅的集團。
那麼，
那兩個孩子
也是……？
孩子？
有兩個孩子
突然冒出來
阻礙我。
原來如此。
都準備好了，
可以吃飯了！

眨眼。
這是只有
我們兩個
知道的祕密！
眨眼。
幾天後
冬允呢？
去校外教學了。
嚼
魚板
辣炒年糕
泡麵
嚼
好像很久沒有
只有我們兩個的
約會了吧？
吃妳的
辣炒年糕。
嗯，
明明就很開心～
狂塞

吃慢一點，這樣會噎到，你以為你是什麼黑洞嗎？
！
對了，黑洞！
昨天和我阿公聊到黑洞。
怎麼了？
嚇到我了
提起「黑洞」，就想到霍金教授。
對啊，還有很多事情想知道。
板
辣炒年糕
麵
要去嗎？
點頭
量子力學與黑洞，合體！
啪
我們也出發！
點頭
咻
啊

二〇一五年，英國倫敦
史蒂芬・霍金的家
咦，
是二〇一五年耶！
這是時空移動
開始到現在，
離我們最近的
時間點耶。
？
搖 搖
唉唷！
你們是誰？
轉身
我們是韓國來的
多允與敏瑞。
牠是
Mix。
聽說教授
發表了新的理論，
所以以韓國記者代表
來訪問您的。
訪問？
我沒有答應過
要接受訪問。

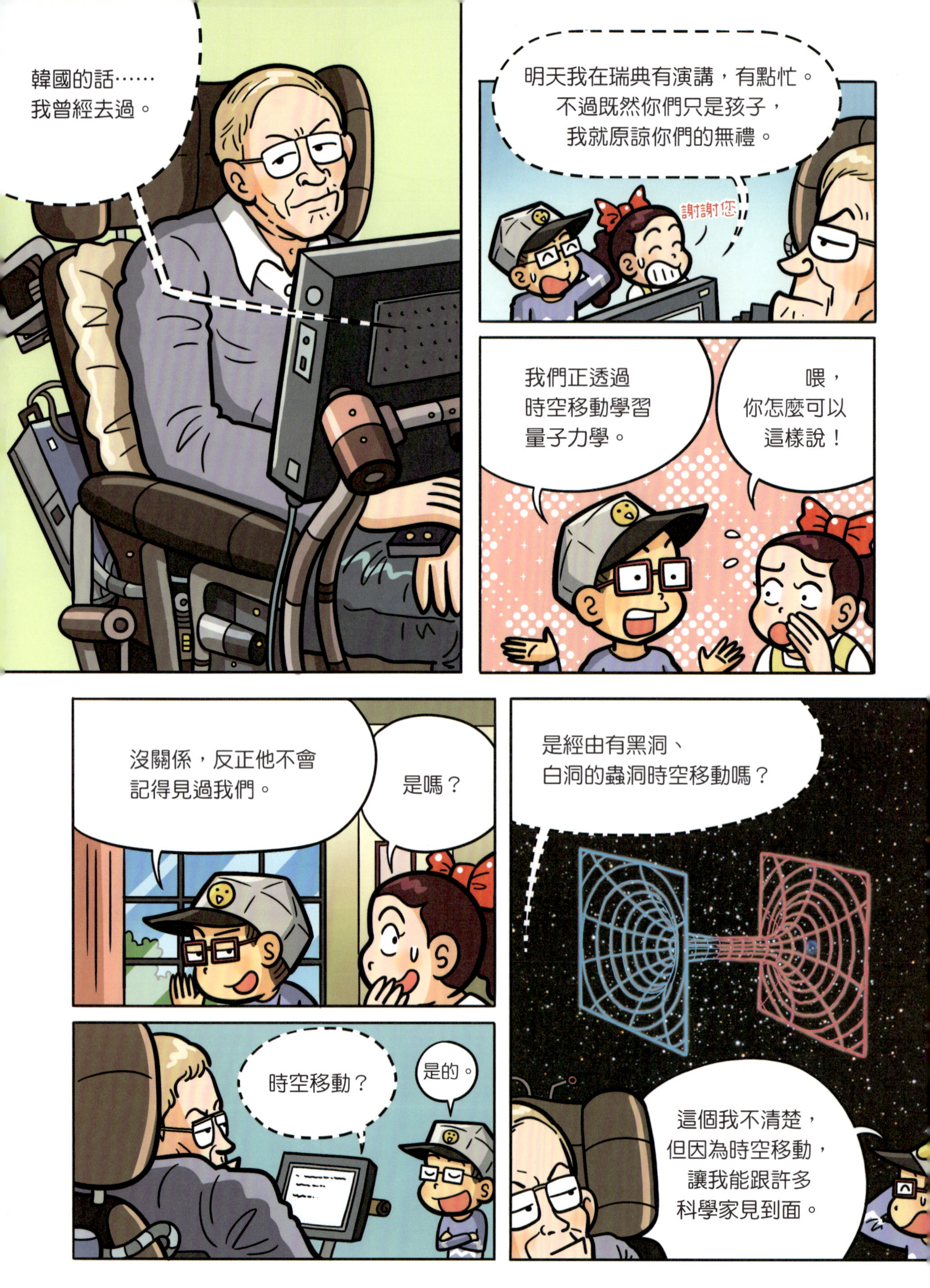
韓國的話……
我曾經去過。
明天我在瑞典有演講，有點忙。
不過既然你們只是孩子，
我就原諒你們的無禮。
謝謝您
我們正透過
時空移動學習
量子力學。
喂，
你怎麼可以
這樣說！
沒關係，反正他不會
記得見過我們。
是嗎？
時空移動？
是的。
是經由有黑洞、
白洞的蟲洞時空移動嗎？
這個我不清楚，
但因為時空移動，
讓我能跟許多
科學家見到面。

呵呵，真是有趣的孩子。
如果可以移空移動的話，
我想回到一九六三年。
為什麼呢？
因為我從那個時候就罹患了
盧・賈里格症
（肌萎縮性脊髓側索硬化症）。
肌肉完全
無法使力，
這是怎麼回事？
回到那時候，
可以醫治這個病
的話……
對不起，
都是我讓您想起
這件不愉快
的事。
沒關係，
這只是我個人的
抱怨而已。
您在這種情況下，
還能研究黑洞，
並發現新的
科學事實，
真的很了不起！
總之，黑洞是
非常有魅力的天體。
重力強大，
連光都無法逃出，
是多麼奇異的事啊。
奇異點
所以黑洞的中心稱為
「奇異點」。

奇異點的重力相當大，就連離
奇異點有一段距離的地方……
史瓦西半徑
奇異點
事件視界
我怎麼
可能被
吸走呢？
逃脫速度要超過光速每秒 30 萬公里，
才可能不會被黑洞吸進去。
光
呃啊！
連光都無法
逃脫！
哇！

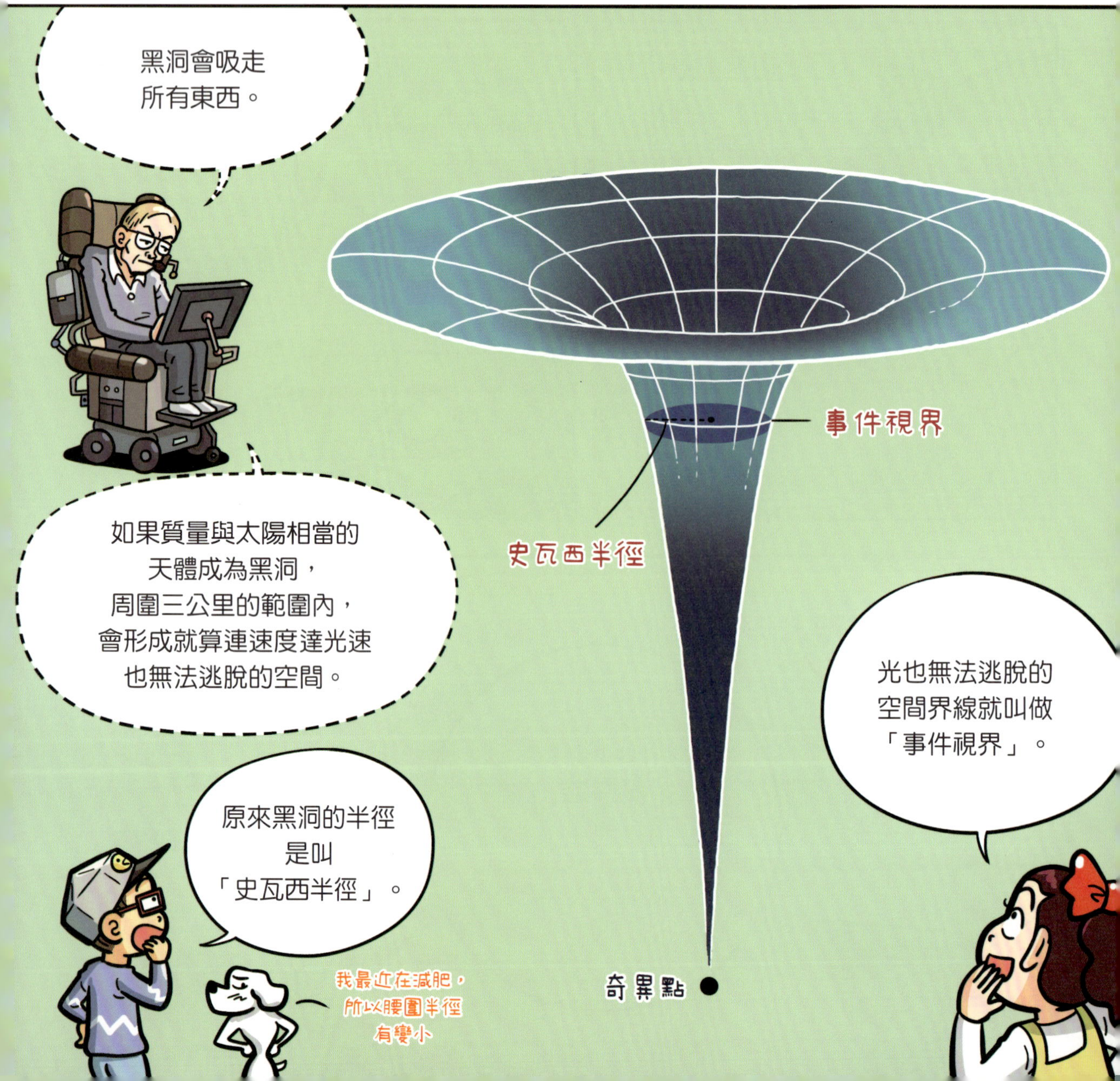
黑洞會吸走
所有東西。
如果質量與太陽相當的
天體成為黑洞，
周圍三公里的範圍內，
會形成就算連速度達光速
也無法逃脫的空間。
事件視界
史瓦西半徑
奇異點
光也無法逃脫的
空間界線就叫做
「事件視界」。
原來黑洞的半徑
是叫
「史瓦西半徑」。
我最近在減肥，
所以腰圍半徑
有變小

所謂事件視界，
就是太陽沒入地平線後
看不見的意思。
再見～
看不見你的
時間裡
不要做壞事
因為無法看到地平線
這個界線內發生的事情，
所以才有這個名稱。
什麼都不知道！
大家也不知道！
但我突然
有一個疑問。
真的沒有東西
逃得出黑洞嗎？
思索了很久之後，
想將量子力學應用在黑洞上。
量子力學
+
黑洞
！
是不是就是
「霍金輻射理論」？
原來你知道啊！
很聰明喔。
持續的研究下確立了
黑洞確實會釋出些什麼。
猜猜看。
所以得出了黑洞
不是黑色的結論。

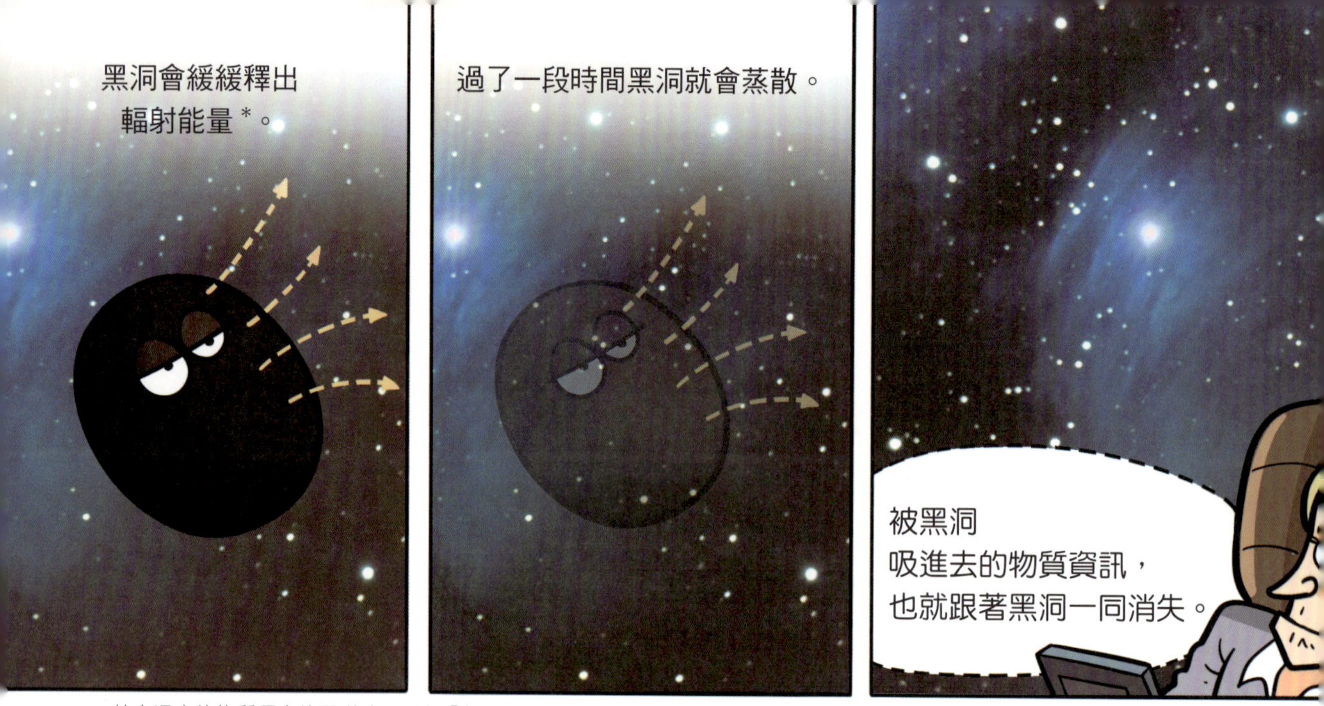
黑洞會緩緩釋出
輻射能量＊。
過了一段時間黑洞就會蒸散。
被黑洞
吸進去的物質資訊，
也就跟著黑洞一同消失。

＊特定溫度的物質釋出的電磁波，稱為「輻射」。

這就是我從一九七三年
開始思索的霍金輻射理論。
不過……
不過？
再進一步研究發現，
這個理論跟量子力學的原理
不吻合。
NO!
霍金
輻射理論
量子
力學
依據量子力學，
粒子就算透過相互作用，
吸收或是衰變……
資訊是
永遠存在的！
粒子的資訊
不會消失。

所以二〇〇四年時，修正為被黑洞
吸進去的資訊會再次被釋出的理論。
吸
之前
全部都要吃掉！
呼～
二〇〇四年以後
也會吐東西
出來！
所以又提出了
新的理論。
是啊。
有路可以逃出
黑洞！
黑洞不是永遠的
監獄！
被吸進黑洞時，
該物質的資訊
不是在黑洞內。
而是儲存在
事件視界。
事件視界
黑洞
結果就是進入黑洞的物質，
不是在黑洞外，就是會前往其他宇宙。
事件
視界
資訊
黑洞
其他
宇宙

這就是我這套理論的內容。
抱歉打擾了。
開門
我們是來檢修輪椅的。
喔，是嗎？請進。
咦？怎麼是小孩子？
嗒嘡
嗒嘡
請不用擔心，我們是大人，只是外貌像小孩而已。
突然站起
霍金教授！今天就是你研究的末日！
呃

他們又來了！
呃汪汪
你們是誰？
只要是跟這個世界說明
量子力學的人，
統統都要消滅，
只有古典力學才是人類的救贖！
按下
啊！
咬
什麼鬼
救贖！
砰
Mix，
做得好！
這傢伙！
砰

不可以！
嗚啊～
噠噠噠
快逃！
咦？
Mix 沒有消失！
我很棒吧？
搖搖
Mix～
不能呼吸……
您還好嗎？應該嚇了很大一跳吧。
這到底是什麼情況……
居然有人反對量子力學……
我們也遇過幾次這種情況。
雖然很擔心。對不起，我沒辦法幫你們。

我現在要趕去瑞典演講，你們一定要小心。
好的，教授您也要小心。
機器聲
哇啪
還好 Mix 沒事，可是牠被反物質槍打到，怎麼沒有消失呢？
咀咀咀
該不會是因為 Mix 是動物吧？還是 Mix 是反物質組成的？
Mix 是阿公在我小時候帶來的。
難不成 Mix 是阿公時空移動時帶回來的？
什麼？你阿公也會時空移動？
阿公怎麼會時空移動？Mix 從哪裡來的？那個筆記又是什麼？
啊啊！頭好痛！我要去找阿公才行。

阿公！
第6章
1克要價
62兆美金？
反物質的祕密
發現反物質「正電子」
多允！
我想其他家人不知道比較好，所以才叫你過來這邊，希望你可以理解。
沒關係，阿公。
阿公是怎麼開始時空移動的呢？
我在日本拿到博士學位後，又去美國念了一年的書。

一九七五年，美國粒子加速器實驗室
加速器快確認好了，等等我走出去之後，就打開加速器按鈕。
知道了。
我要打開囉。
按。
啊！
等等！現在還太早，門還沒完全關上啊！
啪
啊
圭
唉呀！你還好嗎？
啊！
啊啊！

我也是去
CERN* 時，
被光照到。
原來如此，
我從那時
就開始時空
移動。
一開始，只有我一個人時空移動。
哇
啪

* 歐洲核子研究組織

時空移動的同時，
簡單的學會了相當困難的量子力學。
!
那麼那位
朋友……
啊，
量子力學根本跟
宇宙道理不相符，
是亂七八糟的理論！
打倒
量子力學
那位
朋友……
不知道從哪一天開始，
他會出現在我移動到的地方，
妨礙科學家的研究。
喔！
是你！
量子力學會毀滅人類！
還帶著
反物質槍
出現！
砰
和我
遇到的情況
一模一樣！
消失吧
量子力學

所以那個人
也是古典力學的
信仰者！
聽說那個組織
至今還存在。
對了！
不久前 Mix
被反物質槍
打到。
但什麼事情
都沒有發生。
Mix 也會
時空移動？
是的。
該不會 Mix 跟你一樣
也被那個光照到？
是的，
沒錯！
該不會被光照過後，
反物質槍就會失效？
因為反物質槍
對我也沒用。
你好像陷入了危險，
真令人擔心。

多允，
你可以不要再
時空移動了嗎？
如果照阿公說的，
我被反物質槍打到也沒關係，
但那些科學家一被打到就會消失，
不是嗎？
!
為了守護那些科學家，
我要繼續時空移動！
不是永遠都可以
時空移動。
呃
我的經驗是，
被反物質槍打到
越多次，時空移動的
機會就越少。
……
所以說，
被反物質槍
打到越多次，
也越有可能
回不到現在！

隔天
天啊！原來你阿公有過這樣的經歷！
真不愧是子承父業，不對，應該是孫承祖業？
孫承祖業？這應該要收錄進國語辭典才對。
所以如果我被反物質槍打到，就會變成透明人嗎？
不是變透明人，是整個人消失！
我一定會負責阻擋，不會讓這種事情發生的。
真的？
難怪Mix中槍也不會消失！
對多允也沒用。
不過敏瑞……嘿嘿。
反物質到底是什麼？為什麼能做成武器呢？
噓

之前聽
狄拉克博士
講過。*
轉筆
啊！
新聞好像提過，
是世界上
最貴的東西？
推斷 1 公克
要 62 兆
美金。
!
這數字
也太大了吧！
這樣換算成台幣
是多少？
大約台幣
2 千兆。
哇
聽說有位英國教授
弗蘭克・克洛斯，
寫了一本關於反物質的書，
我們去找他吧！
不能讓他們發現
反物質槍的祕密。
哇啪
哇啪

＊請參考《粒子世界大發現》第四章。

二〇〇九年
英國牛津大學
什麼？
你們曾經時空移動
和霍金教授見過面？
是的。
現在根本直接了當的說了啊
哈哈，你們真的很有趣。
我也想時空移動去見見
過去那些偉大的科學家。
聽說教授
您寫了一本
關於反物質的書。
對啊，
不久前剛出版。
聞聞
我們想認識反物質，
所以才來拜訪。
請詳細告訴我們那到底是什麼
一九二八年，
英國的保羅・狄拉克是
第一位預告反物質存在的
物理學家。

解開波動方程式的狄拉克博士，
發現電子的能量竟然分為正 (+)、負 (-) 兩種。
咦？
可能是方程式解錯了，
不過……
狄拉克教授
想到了。
嗯，這很有趣！
負的能量
分明也……
是大自然的
一部分！
看看波耳的
原子模型＊。
抽

＊請參考《原子世界大探索》第八章。

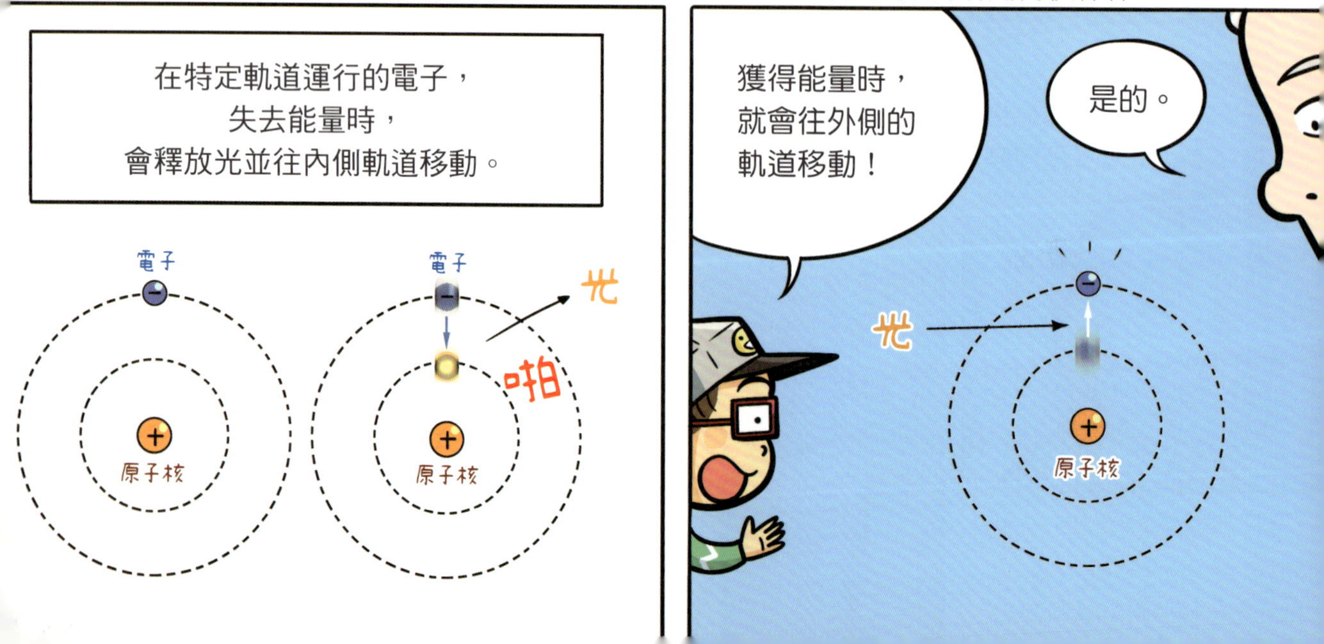
在特定軌道運行的電子，
失去能量時，
會釋放光並往內側軌道移動。
電子
原子核
電子
光
啪
原子核
獲得能量時，
就會往外側的
軌道移動！
是的。
光
原子核

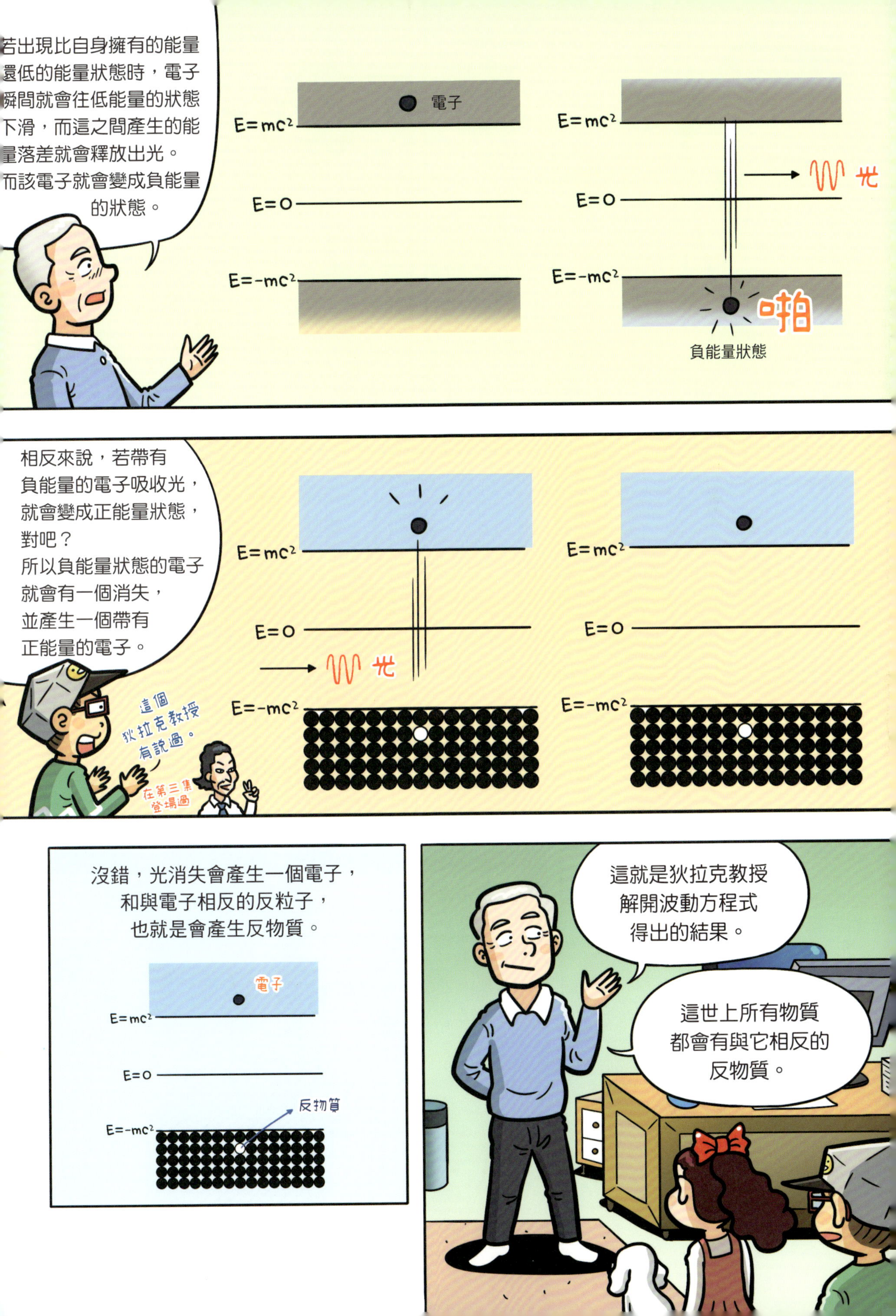
若出現比自身擁有的能量還低的能量狀態時，電子瞬間就會往低能量的狀態下滑，而這之間產生的能量落差就會釋放出光。而該電子就會變成負能量的狀態。
電子
E=mc²
E=0
E=-mc²
E=mc²
光
E=0
E=-mc²
啪
負能量狀態
相反來說，若帶有負能量的電子吸收光，就會變成正能量狀態，對吧？所以負能量狀態的電子就會有一個消失，並產生一個帶有正能量的電子。
這個狄拉克教授有說過。
在第三集登場過
E=mc²
E=0
光
E=-mc²
E=mc²
E=0
E=-mc²
沒錯，光消失會產生一個電子，和與電子相反的反粒子，也就是會產生反物質。
電子
E=mc²
E=0
反物質
E=-mc²
這就是狄拉克教授解開波動方程式得出的結果。
這世上所有物質都會有與它相反的反物質。

其實四年後的一九三二年，美國的卡爾・安德森發現了電子的反物質。
就是「正電子」！
你好！
！
據說也發現了反質子與反中子。
喔，厲害喔！連這個都知道！
不過由於反物質與物質相遇，釋放出光就會消失的關係，難以自然存在。這一現象稱為「消滅」。
物質
反物質
光
消滅
反物質是什麼？
所以才那麼貴嗎？
這是原因之一，但還有其他原因。
太陽
反物質
到達地球的光，有 10% 是來自反物質。
陽光
10%
地球
太陽內部的氫原子核產生核融合反應，變成氦原子核。
4個氫原子核
核融合
1個氦原子核

這個過程可以
分成三個階段。
質子
中子
重氫原子核
氦同位素
正電子
微中子
γ 伽瑪射線
兩個質子成為重氫原子核，
同時釋出微中子與正電子。
重氫原子核與另一質子相遇，
變成氦同位素原子核。
兩個氦同位素原子核相遇，
成為完整的氦原子核。
過程中釋出的正電子遇上周遭的電子，
會出現消滅，釋出強烈的光。
微中子
電子
質子
正電子
消滅
這時產生的光，
就是「伽瑪射線」。
原來物質跟
反物質相遇
會釋出光啊。
伽瑪射線
可見光
是啊。
數十萬公里
這些伽瑪射線
在從太陽內部到表面的
數十萬公里過程中，
逐漸失去能量。
從太陽表面
以可見光奔向地球。

光從太陽內部往外發散，
約需十萬年的時間。
10萬年
我變好老喔
我很大吧？
可以說現在看到的陽光，
有 10% 來自十萬年前
核融合所產生的正電子。
十萬年……
好久以前的光啊。
一公克的反物質
雖然量很少。
反物質
但以原子程度
來看，是相當
龐大的分量。
CERN
10兆個
反質子
據說 CREN 一年可以
製造出十兆個反質子。
10兆個！那就是10kg左右？
這樣的製造速度，
就算經過比宇宙年紀
更久的時間，
也累積不到一公克。
哇！
難怪這麼貴！
這次要怎麼
進去？
這個嘛……
我正在想。

克洛斯教授
是有名的反物質
書籍的作者。
那這個方法
如何呢？
？
悄悄話 悄悄話
很好！
因為反物質與物質
相遇會消滅……
所以需要能讓兩物質
不相遇的分離技術。
停！
德國物理學家
漢斯・德默爾特
發明了可以將正電子
放入電磁場的方法，
並獲得一九八九年
諾貝爾物理學獎。
聽說 CERN 也成功的
關住了反氫原子一千秒。
CERN
反氫原子

物質與反物質相遇
而消滅的同時，
會釋放出龐大的能量。
$E=mc^2$，也就是根據
「質能守恆定律」，物質與反物質的
質量會轉變成能量。
不過反物質
很難凝聚，
目前還只是
想像。
喔！
哐
反物質槍
反物質槍？
這是學生開玩笑
送來的禮物嗎？
喔，太誇張了！
好像真的一樣。
教授，
請等等！

掏出
你們是誰？
嘿嘿嘿……
我就不
回答了。
按下
不行！

碎
!
倒
多允！
多允，你還好嗎？
呃，果然被反物質槍打中也不會消失！
你們到底為什麼要做這種事情？

哼！
砰
為了要消滅量子力學，
這也是沒辦法的！
呃啊！
啪
可惡，
又失敗了！
敏瑞！
這到底是什麼情況！
你們還只是孩子，
是有多麼仇恨，才會做出
這種可怕的事情！
啪
閃開！
啪

啊！
哐
小孩子怎麼力氣這麼大？就像是健壯的大人一樣。
健壯的大人……？
教授，您還好嗎？那兩個小孩好像是反對量子力學的組織成員。
真的很謝謝你救了我。
這是我寫的《反物質》一書，希望對你們會有幫助。
反物質
弗蘭克・克洛斯 著

哇
啪
阿公說得對，我被反物質槍打到也沒事。
是啊，可是那兩個人不只想要消滅與量子力學有關的科學家，連我都想消滅。
好可怕……我們繼續時空移動沒關係嗎？
說不定阿公知道。
我一定會保護妳。不過，沒有能對抗反物質槍的武器嗎？

一起動動腦

從費曼圖迷宮逃出！

多允、敏瑞、Mix 時空移動到一半迷路了，請幫助他們逃出費曼圖迷宮！

下方對話中對的話請跟著○移動，錯的話請跟著✖移動，找到正確的出口。

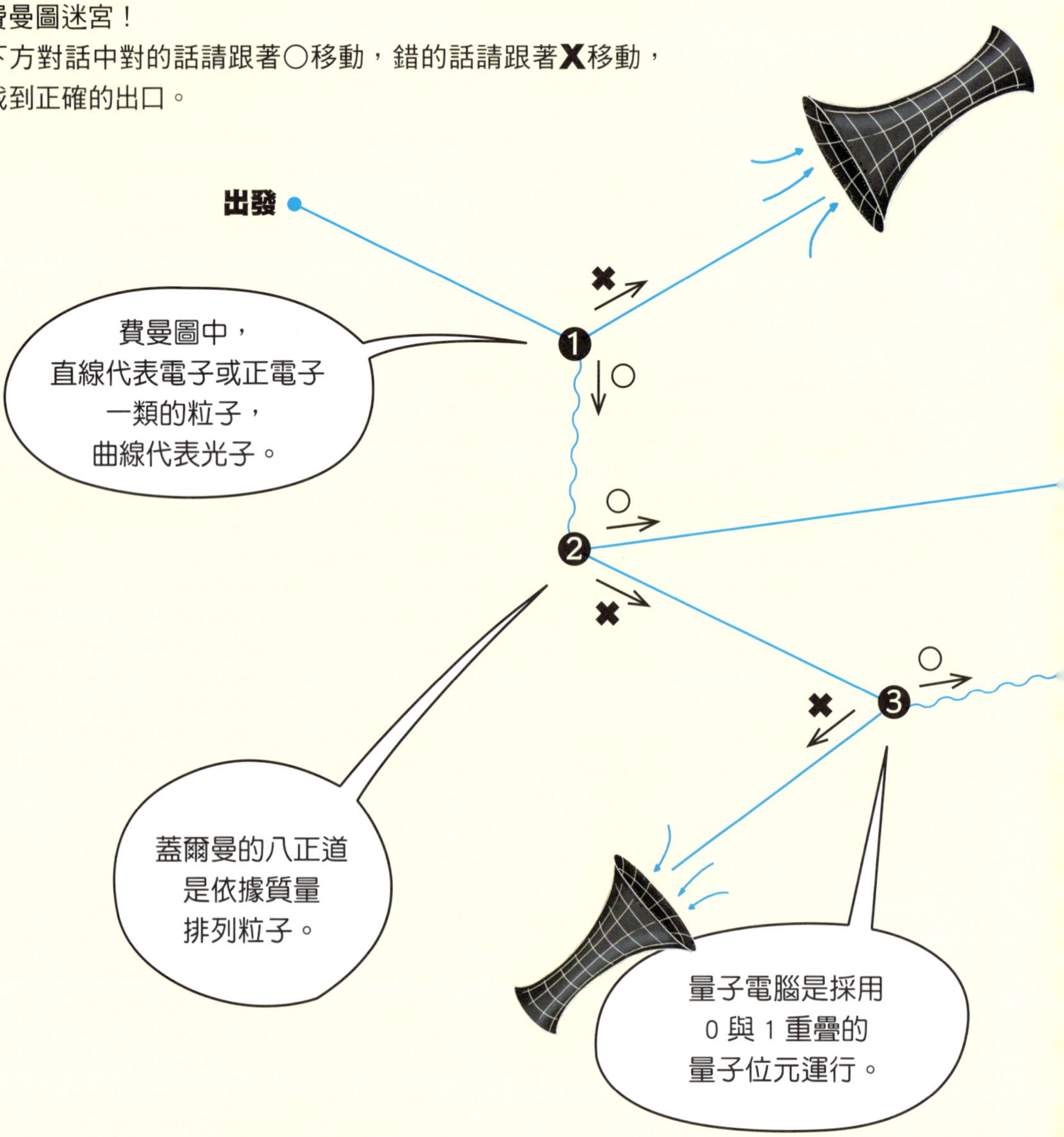
出發
費曼圖中，直線代表電子或正電子一類的粒子，曲線代表光子。
蓋爾曼的八正道是依據質量排列粒子。
量子電腦是採用 0 與 1 重疊的量子位元運行。

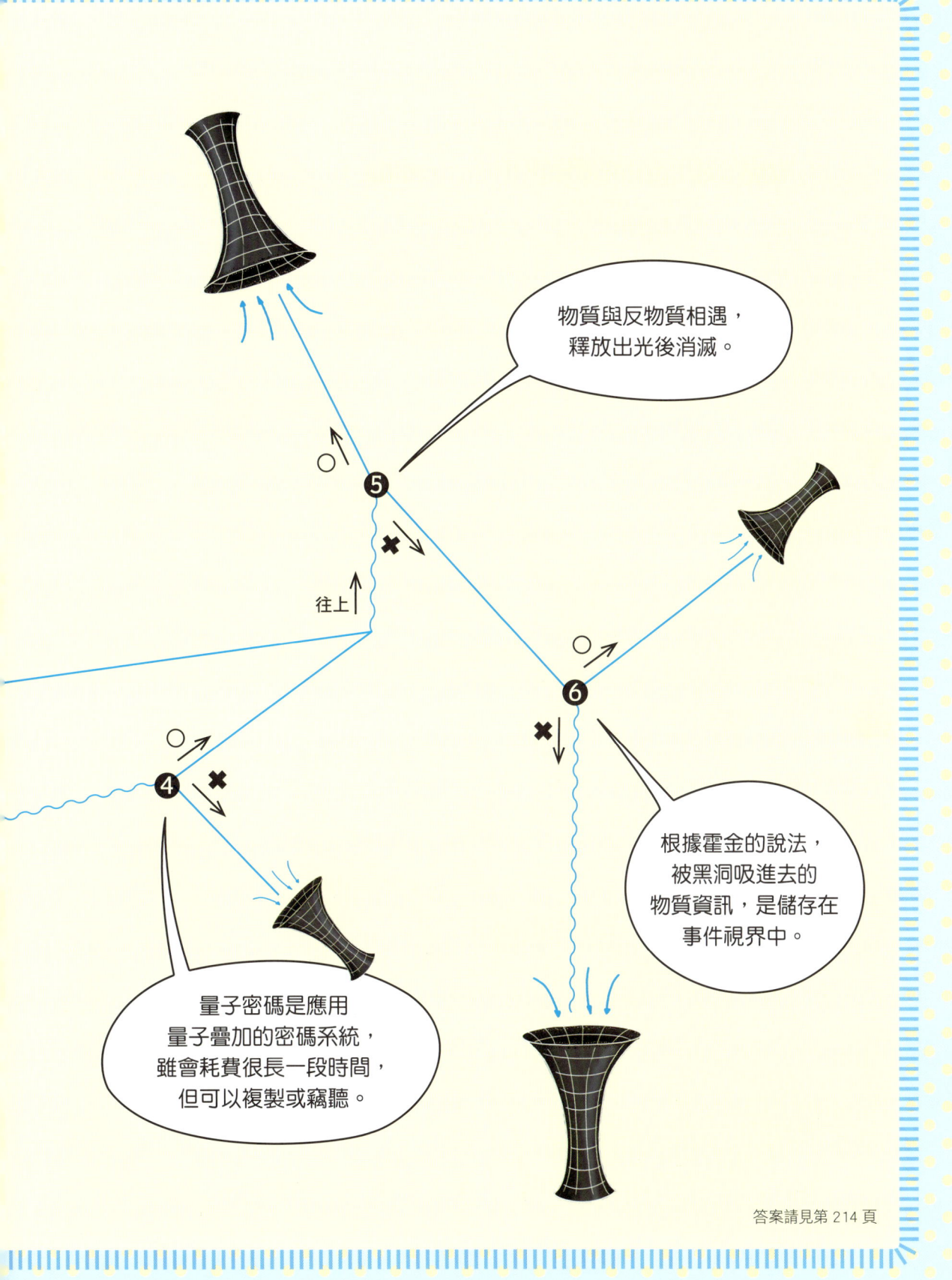

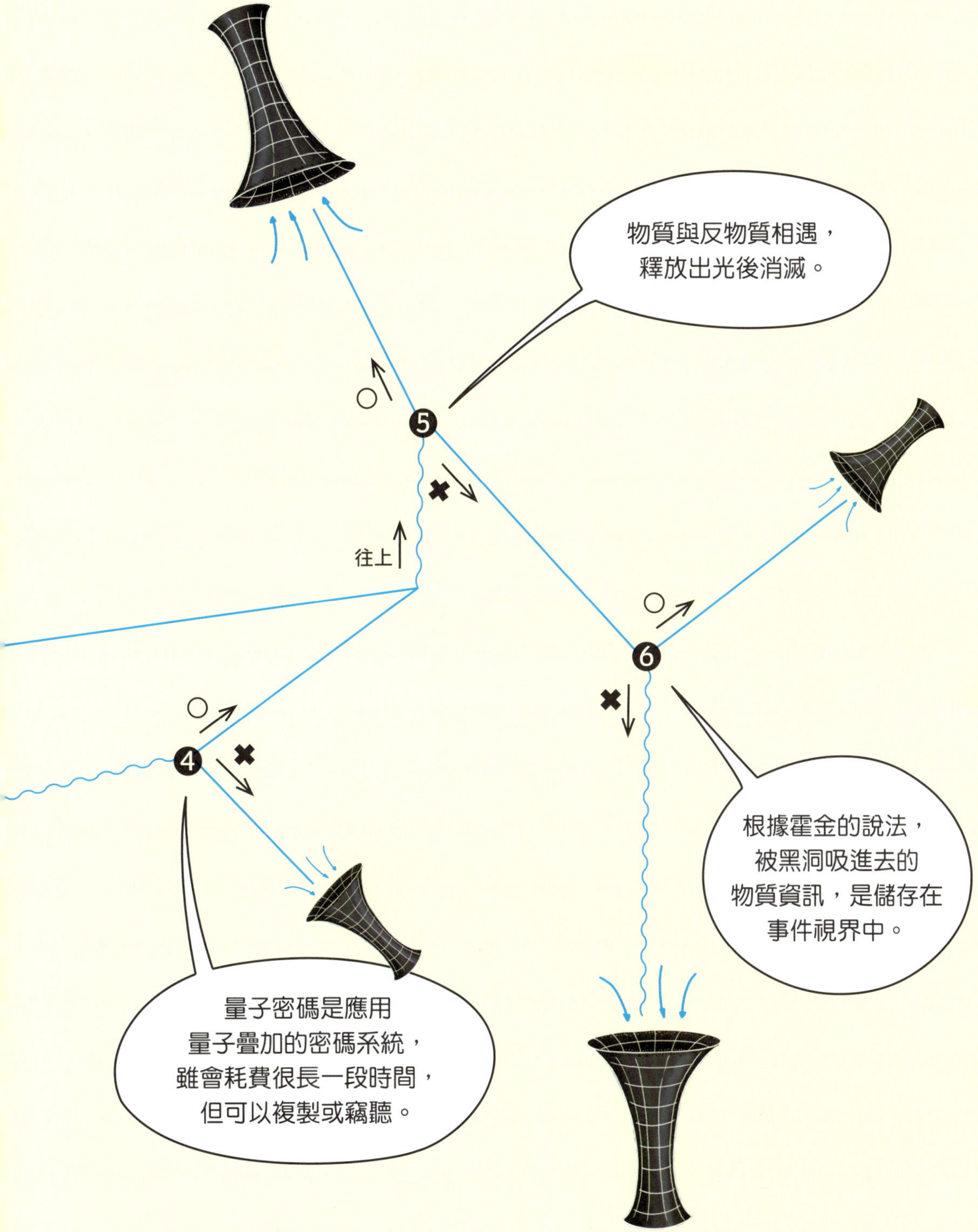
物質與反物質相遇，
釋放出光後消滅。
往上
根據霍金的說法，
被黑洞吸進去的
物質資訊，是儲存在
事件視界中。
量子密碼是應用
量子疊加的密碼系統，
雖會耗費很長一段時間，
但可以複製或竊聽。

答案請見第 214 頁

第7章 可以阻擋反物質槍的武器

雷射是什麼？

喂……
多允，是阿公。
極速緊張
啊，阿公！我正想打電話給您。
?
怎麼了？有什麼事嗎？
我被反物質槍打到了，但沒有消失。
呃
反物質？你在跟誰講電話？
我在跟阿公講電話。因為我對量子力學有點疑惑，所以阿公打來幫我。
有疑惑可以問我啊，阿公很忙的。
我今天去找你，我們見面再說吧。
好的，阿公。

幾個小時後
暴風吸入 小吃店
阿公，您好。
敏瑞也來了啊，妳好啊，妳爸媽近來都平安健康吧？
是的。
多允，這是只有你和我兩個人時才能說的事情……
是關於時空移動。
其實，敏瑞和我一起時空移動。
是嗎？那敏瑞也在 CERN 被光照到嗎？
沒有。
因為我們找到了就算沒有被光照過，也可以時空移動的方法。
哇！

……
辣炒年糕
這樣
那樣
!
那麼一起討論吧。
反物質槍就跟阿公說的一樣，對我和 Mix 都沒用。
辣炒年糕
炸物
可是常常被擊中也不行，那是有極限的。
那麼……我們該怎麼辦呢？
我正在研究可以對付反物質槍的武器。
哇，太棒了！
登
登
我來這裡就是為了找一直在研究雷射的朋友。
雷射！

雷射就是超市裡用來掃描商品條碼的那個嗎？
嗶
我想到的是雷射槍……
沒錯，我就是要去拜託朋友製造可以阻擋反物質槍的雷射槍。
果然是我阿公！
哈哈！
我是雷射俠
哈哈
咻
咻
哐
又陷入幻想了……
雷射槍？
比反物質槍更強嗎？
就算如此，只要瞄準科學家跟敏瑞就可以了。
不需要特別瞄準敏瑞吧！

總是要有人狠狠的
嚇嚇那些科學家，
這樣他們才會怕。
你要先射準
才對吧。
裝作
不知道
喵！
總之快搞定，
我們就……
我們就
什麼？
不知道，
不知道啦！
扭
扭
到底是
什麼？
不過那些壞人
怎麼會知道你們
時空移動的事呢？
炸
泡
麵
我們也不知道。
一定是偷偷在某處
觀察你們，
你們要隨時
注意安全。
好。

你們知道雷射也是應用量子力學原理的技術嗎？
!
哐
果真量子力學跟所有東西都有關聯！
你可以從桌子上下來嗎？
托愛因斯坦的福才能做出雷射。
眨眼
嘿嘿
我們見過愛因斯坦很多次，從沒聽他說過。
我當然不能缺席
那就去見見發明雷射的梅曼博士吧。
梅曼博士？
阿公現在要回鄉下了，你們出發的時候要小心。
謝謝阿公！

那我們出發吧？
點頭
量子力學與
雷射合體！
啪
我們也出發！
量子力學與
雷射合體！
啪
咻啊
飄
果真有人在
跟蹤他們，
就是那個人的
手下嗎？
一九六〇年
美國休斯飛機公司研究所

Mix，你頭上那是什麼？
我是傷感秋天的男子
汪嚕汪汪汪汪！（好不容易可以散步，偏偏這時候時空移動！）
這裡是哪裡？
好像是飛機公司
轉頭
毫不關心
你們是誰？
我是敏瑞，這隻狗叫 Mix。
那我呢？
我們是學生記者，拜訪全球科學家學習與量子力學有關的事情。
現在都會自行發揮了
因為知道雷射也跟量子力學有關，所以來拜訪梅曼博士。
謝謝您！
年紀這麼小的學生真厲害，雖然你們沒有先跟我約時間，不過沒關係。

抓
抓
請問雷射是如何發明出來的呢？
其實並不是一開始就發現的。
開端是一九一七年愛因斯坦發表了「受激發射」理論。
不是放屁發射～
受激發射？
物質被光照射之後，光的刺激會讓處於高能量狀態的原子回到低能量狀態，並發出光加入原來的入射光。
啊沙
光
搖晃
搖晃
光
物質
光
今天的天氣一直刺激著我出去散步
發光看看！
這時出現的光如果調整得當的話，就可以做出雷射嗎？
是的。
另一邊
喵？
哈哈哈，怎麼這樣？

妳的臉是怎麼回事？
全部都是青春痘！
變成國中生了嗎？
哈哈哈哈！
不是只有我好嗎！
哇！
我們倆都變成
國中生了嗎？
這是怎麼
回事？
時空移動一定還藏有
更大的祕密。
噓！
裡面正講到
雷射。
他們跟阿公聊完雷射，
就來找梅曼博士，
他們要開始反擊了嗎？
雷射不是
很危險嗎？

我們有
反物質槍啊。
下次我們提前過來，
處理掉這些研究量子力學的
科學家不就好了？
這個我也想過，
可是時空移動不是
我們想要就能去的啊。
也是……
來，
快變裝！
丟
一九五三年，
美國物理學家
查爾斯・湯斯以受
激發射理論為基礎，
開發出「邁射」。
揮棒
哇呼
不是
邁射聽起來像是
棒球隊的名字？
邁射是增幅
「微波」的裝置。

所謂增幅，
簡單說就是將能量放大的意思。
再強一點！
湯斯是在研究
強力雷達的
過程中，
開發出邁射。
滴答 滴
原來是在研發
更好的雷達時，
無意間開發出邁射啊。
沒錯。
另一方面，
我不研究電波，
而改為研究光
（可見光）
增幅的方法。
光！
光的波長
比微波的還要短，
真的很難操作。
我是雷射！
不過，
經過幾年的研究後，
終於增幅成功。
那就是雷射！
好像光劍
嗡
嗡

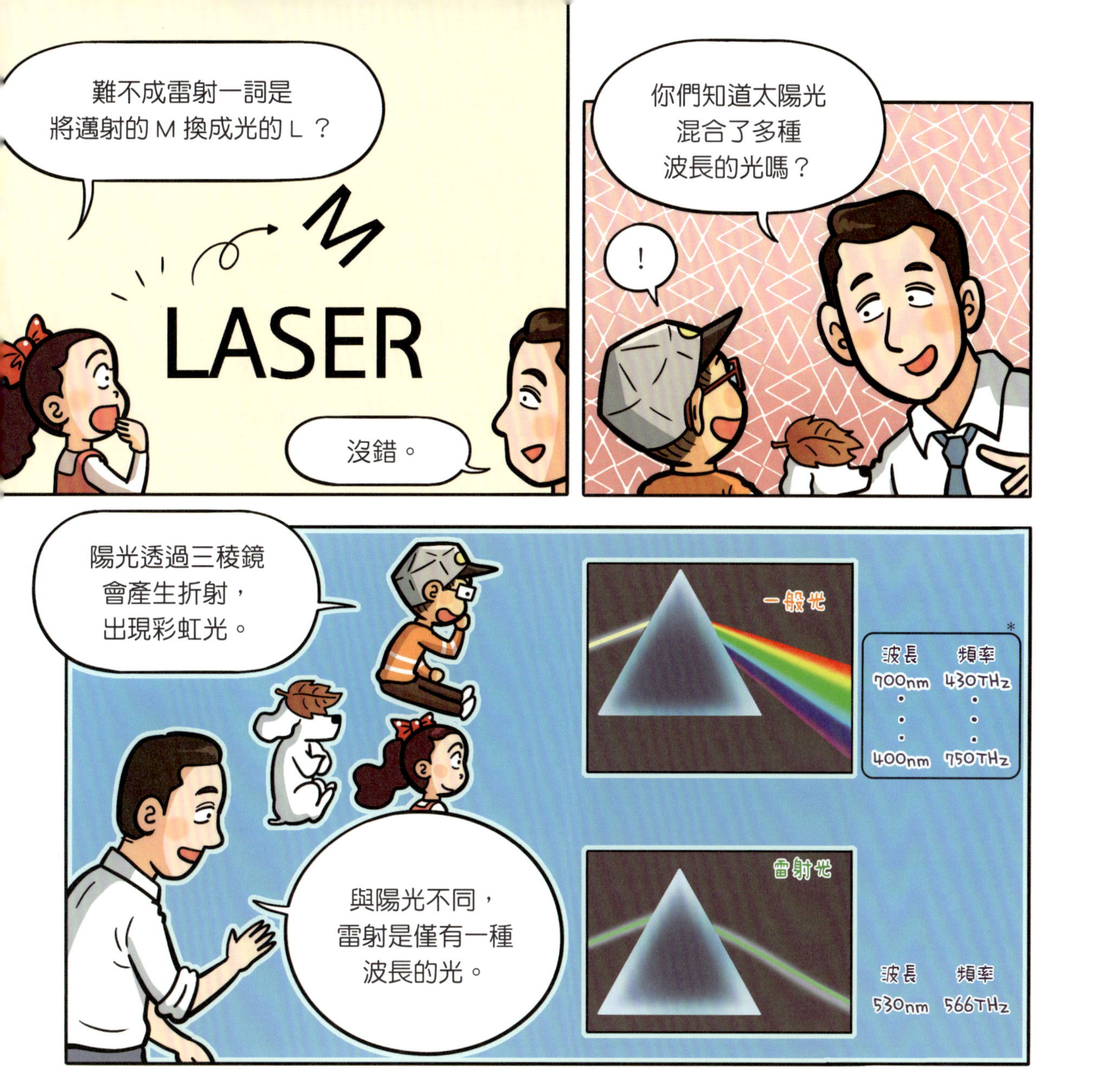
難不成雷射一詞是
將邁射的 M 換成光的 L ？
LASER
M
沒錯。
你們知道太陽光
混合了多種
波長的光嗎？
！
陽光透過三稜鏡
會產生折射，
出現彩虹光。
一般光
*
波長 頻率
700nm 430THz
400nm 750THz
雷射光
與陽光不同，
雷射是僅有一種
波長的光。
波長 頻率
530nm 566THz

*1 奈米（nm）是 10 億分之 1 公尺（m）、1 兆赫（THz）是 1 兆個赫（Hz）。

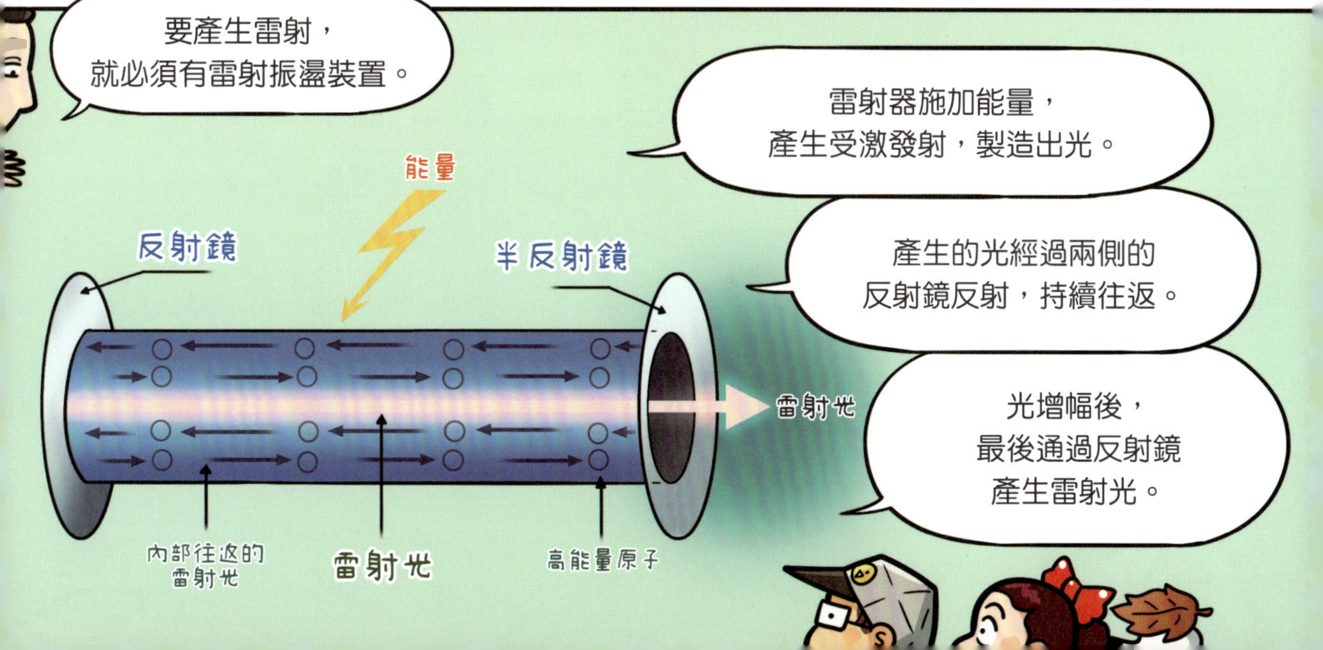
要產生雷射，
就必須有雷射振盪裝置。
雷射器施加能量，
產生受激發射，製造出光。
能量
反射鏡
半反射鏡
產生的光經過兩側的
反射鏡反射，持續往返。
雷射光
光增幅後，
最後通過反射鏡
產生雷射光。
內部往返的
雷射光
雷射光
高能量原子

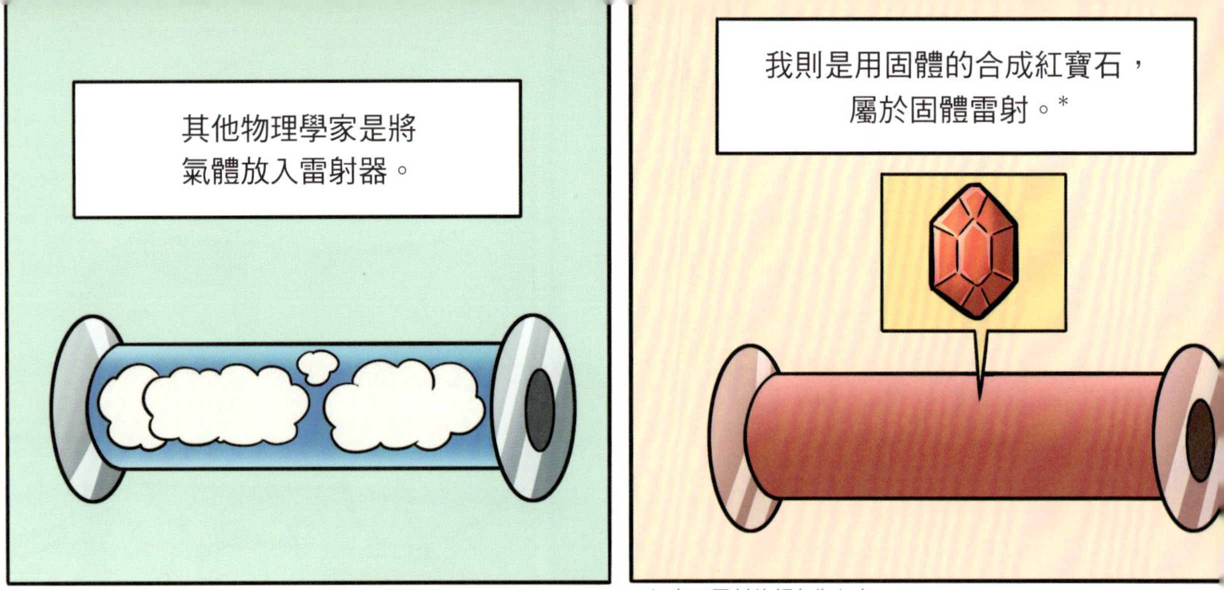
其他物理學家是將
氣體放入雷射器。
我則是用固體的合成紅寶石，
屬於固體雷射。*

* 紅寶石雷射的顏色為紅色。

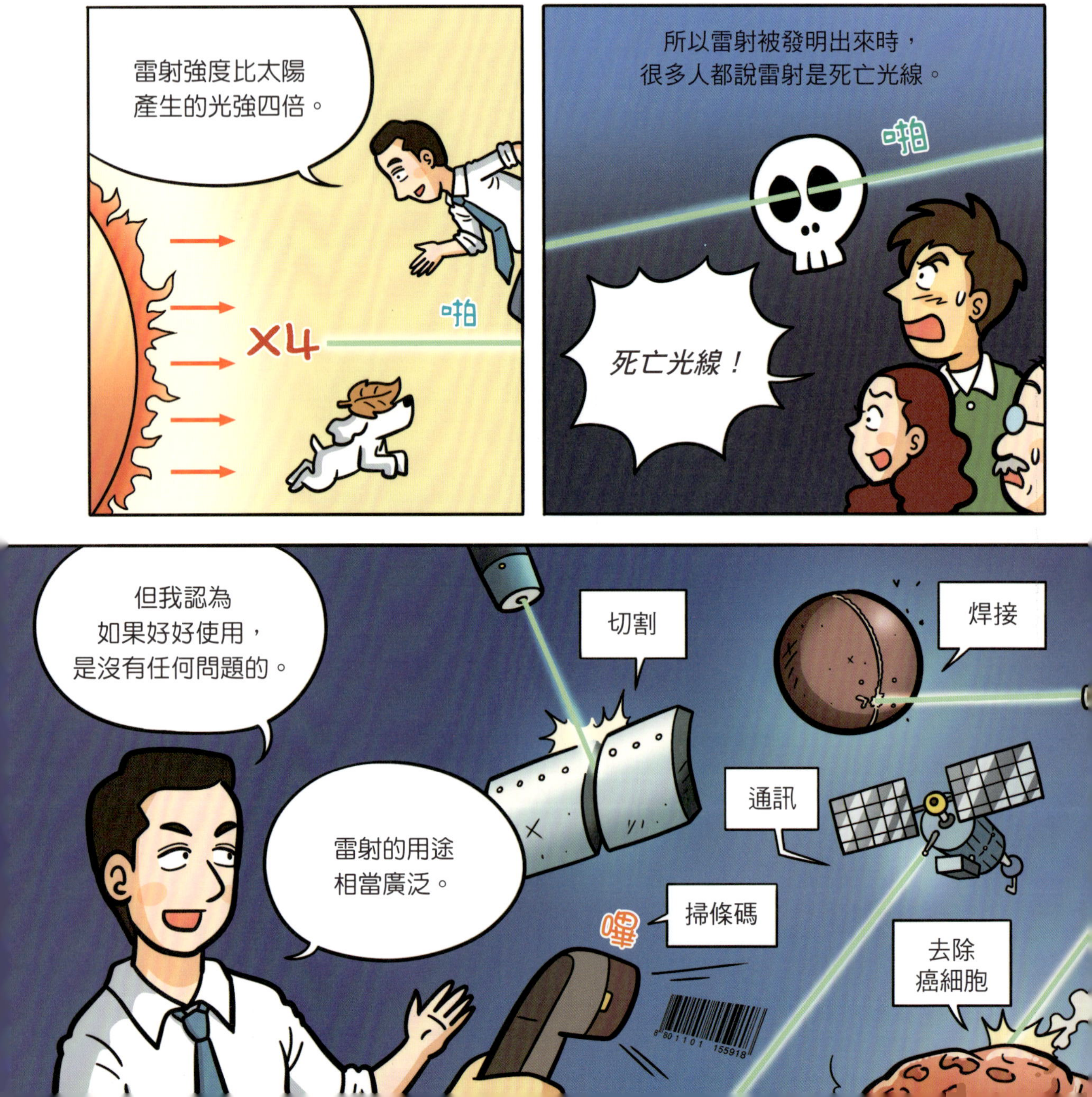
雷射強度比太陽
產生的光強四倍。
X4
啪
所以雷射被發明出來時，
很多人都說雷射是死亡光線。
啪
死亡光線！
但我認為
如果好好使用，
是沒有任何問題的。
雷射的用途
相當廣泛。
切割
焊接
通訊
掃條碼
嗶
去除
癌細胞

雷射光只有一種波長，所以只對特定的物質有反應。
啊！
咻
因此可以挑選出癌細胞，破壞它的生長。
另一個特質是直線射出、不擴散，所以可以到達很遠的地方。
雷射光
一般光
嗯……所以一九六九年阿波羅十一號登陸月球時……
為了準確預測月球的距離，在月球設置了雷射反射鏡。
開門
啪
又是他們嗎 ?!

博士，您好！
不是嗎？
我們是韓國《艾薩克》兒童科學雜誌記者。
！
聽說博士發明了雷射，所以想來採訪您。
又來了！
奇怪的味道！
聞聞
一天居然有兩個採訪，如果可以事先聯絡的話就好了。
因為都還是年紀小的學生，所以我可以理解，不過下次請務必提前聯絡。
汪
汪
謝謝您，博士，那我們盡快開始訪談。先讓我拿一下筆記……
掏
亮出

果然！
嗒
噠
砰
啊！
請躲開！
啊，真是的！你就不能射準一點嗎！
我又不是故意的！我也想射準啊！
到底是哪裡來的傢伙？
？
翻找
我不知道你那是什麼槍，但絕對無法贏過這個雷射槍！
趁我說好話的時候，快滾出我房間！
驚！

哼，不可能，
在消滅你之前，
我絕對不出去！
砰
那我也
不允許！
嗶
嗶
滋
啪
啊！
關門
又失敗了！
哇…
好大的衝擊
梅曼博士！
您還好嗎？
呼
我還好，
這世上奇怪的人
好多。

還好我偷偷做了這把雷射槍。
這是雷射槍的設計圖，可能會有幫助。
果然阿公是對的。
雷射槍可以阻擋反物質槍！
哇啪
嗒噠 嗒噠
真希望阿公的朋友可以幫我們做出雷射槍。
對啊……
這樣一來……時空移動時我就可以保護妳，不讓妳遇到任何意外。
多允……

第8章 敏瑞的反擊

量子力學的應用——奈米科學

阿公，你跟朋友的會面順利嗎？
辣炒
泡
你們看，我帶了雷射槍過來。
哇！
敲
這跟梅曼博士的那支雷射槍好像！
梅曼博士也有雷射槍？
是的。
辣炒
泡麵
哇

梅曼博士的雷射槍對上壞人的反物質槍所射出的光線，發出巨大光芒後，就消失了。
啪
啊
原來梅曼博士祕密的做了雷射槍啊。
科學界的極端主義者！我要以正義之名阻止你！
這又是什麼年代的角色……
現在是在拍電影嗎……
美少女戰士～！
不能因為有雷射槍而自滿，一定要隨時小心注意。
是……
居然準備了雷射槍。
可是……上次我們為什麼會變成國中生？
這個嘛……Boss 也沒說過會這樣。

多允說他會
好好保護我。
辣炒年糕
泡
呃，
太害羞了……
很帥氣喔，
多允。
那就拜託你們同心協力，
一起守護科學家們。
辣炒
泡
魚板
好的，
請不用擔心！
這個雷射槍
發射兩次之後，
就必須充電。
！
跟壞人的
反物質槍一樣。
是嗎？
嗚，到底為什麼
討厭量子力學？
真想進到這些
壞人的腦子裡看看！
就是說啊……
這把雷射槍
能讓對方
暫時昏厥。

一定要活捉他們，帶來見我。
我可以拜託研究奈米科學的朋友，或許可以找出原因。
嗯？奈米科學？
奈米科學是量子力學的應用學科之一，你們這次的時空移動一定要很小心。
嗯……這次要去見奈米科學的研究者嗎？
好像應該去！
量子力學與奈米科學的結合！
走，出發吧！
啪
很好，我們也出發！
量子力學與奈米科學的結合！
啪

嗯……
他們到底是什麼人呢？
一九八六年，
美國 MIT 研究室
是埃里克・德雷克
斯勒研究室……
你說什麼？為了見我，
你們從韓國時空移動過來？
哐
不管是真的還是假的，
總之，你們認真的眼神
讓我很滿意。
炯炯有神
小狗除外。
我們正透過
時空移動
學習量子力學。
量子力學？
你們在學
這麼困難的東西？
雖然難，
但是想要理解原子的世界，
就必須認識量子力學。
哇！

沒錯，
我是奈米科學的
研究者，所以一定要
學量子力學。
你們的理解
很正確。
當然！
我們移動
好幾次了……
搔癢
我一邊學
量子力學，
一邊集中研究
奈米科學。
奈米科學
量子力學
請問您對量子力學
產生興趣的契機
是什麼呢？
因為聽了
費曼教授的演講。
哇！
他是提出費曼圖與
量子電腦概念的
科學家，對吧？
沒錯
演講主題是「微觀世界
有無垠的空間」。
？
微觀？
空間？

一九五九年是個連計算機
都大到無法放進口袋的時代，
所以才會有這樣的說法。
一定可以做出
分子大小的機器！
登登
這想法
超帥！
微觀世界有無垠的空間，
是指原子大部分都是由
空的空間形成的意思嗎？
沒錯！
空間
原子核
他說若開發活用原子中空的空間的技術，
就好比將二十四本百科全書
都移到髮夾的裝飾部分上。
BT 7 BT 8 BT 9 BT 10 BT 11 BT 12 BT 13 BT 14 BT 15 BT 16 BT 17 BT 18 BT 19
我是這世上
最聰明的
髮夾！
若要這樣，
就必須將百科全書縮小
到兩萬五千分之一的
大小。
變成
超高密度的
百科全書！
24本百科全書
25000
接著還提出了
這個提議。
如果有人成功將
某本書的一頁縮小到
兩萬五千分之一，
我就給他獎金一千美金！
這可能嗎？
太不像話了！

事實上，一九八五年
美國史丹佛大學的研究生
湯姆・紐曼，
就成功的將書的一頁
縮小至兩萬五千分之一
的大小，並獲得獎金。
能在死之前看到，
真的是太開心了。
那就是
奈米科學的
開端。
好厲害
1 奈米是十億分之一公尺，
也就是 1 公尺分隔成
十億個的其中之一。
一個原子的大小是
1 奈米切為
十等分的大小，
十分之一個奈米，
也就是 0.1 奈米。
1公尺
十億分之一公尺
1奈米
0.1奈米
我很好奇
費曼博士所說的
分子大小的機器。
量子力學或
奈米科學，
都是在研究
極小的事物。
奈米科學就是
量子力學最具代表性的
應用領域之一。
奈米碳管

另一邊
咦，
這次變成
高中生了！
哇喔
沒有青春痘了耶？
太好了！皮膚閃亮亮～
呵呵
這次時空移動
結束後，
要去問問 Boss
為什麼會
變這樣。
這樣下去的話，
是不是會變回本來的
樣子？
那就慘了，只能用
太陽眼鏡遮住臉了。
在那之前，一定要先成功
阻止多允跟敏瑞。
是要這樣沒錯，
但每次都失敗。

原本要妨礙他們的我們，反而不斷被他們妨礙，哈哈哈！
妳還笑得出來！我們每一次都失敗耶！
是誰連槍都用不好？該生氣的是我吧？
轉頭
氣呼呼
啊，這是埃里克·德雷克斯勒的研究室！
你這次想用什麼方法阻止他們？
聽起來德雷克斯勒博士那本有名的書快出版了。
我想到好方法了！先變裝吧！
？
做出分子大小的機械的話，就是指可以任意組合分子囉？
外觀疤痕—自動復原
空氣淨化、防止細菌擴散
高分子奈米複合體—強度高且輕盈
抓地力強
自然亮光
使用奈米複合體—燃油效率高
沒錯，因為奈米科學的關係，也可以做出像機器人一樣的奈米汽車。

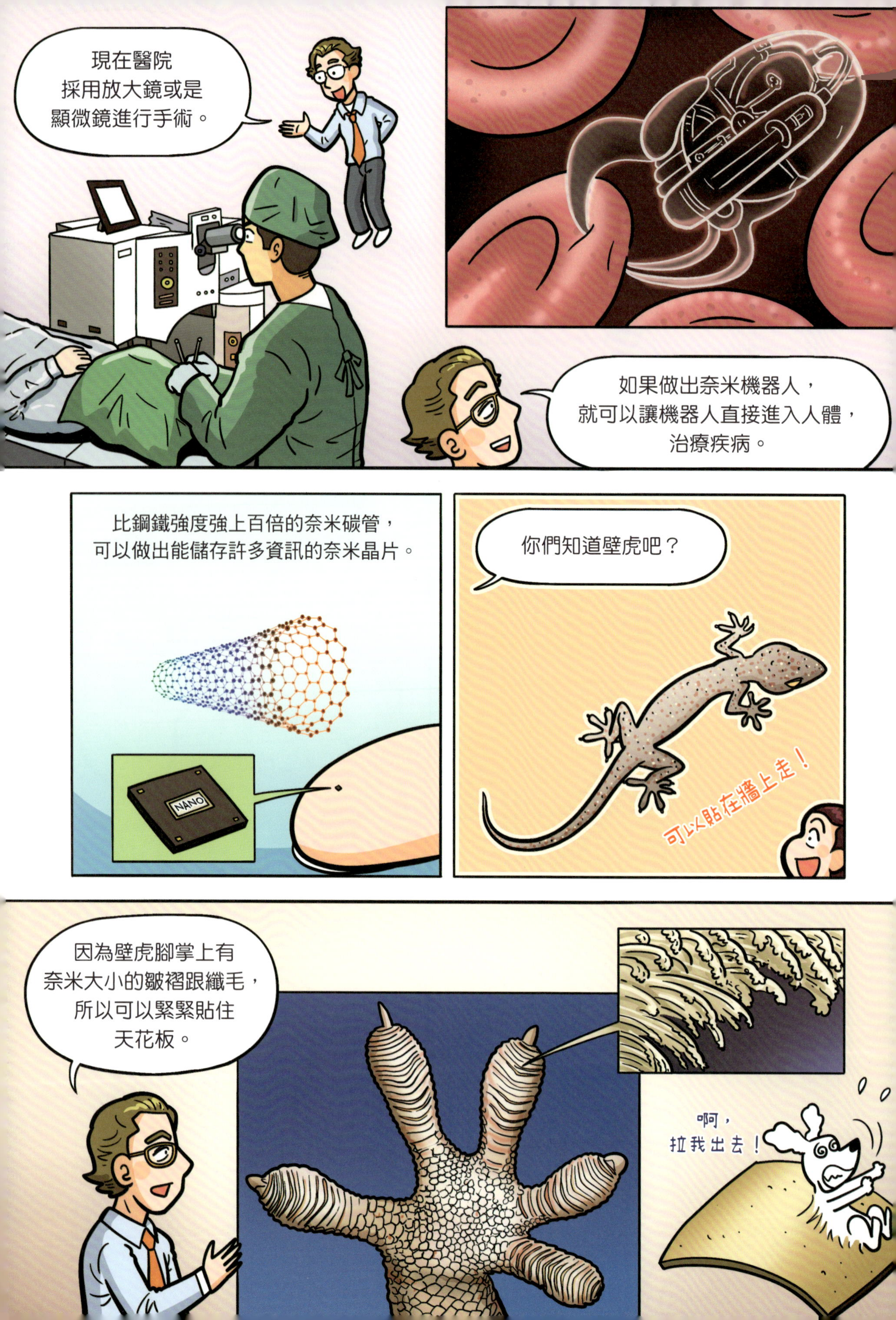
現在醫院
採用放大鏡或是
顯微鏡進行手術。
如果做出奈米機器人，
就可以讓機器人直接進入人體，
治療疾病。
比鋼鐵強度強上百倍的奈米碳管，
可以做出能儲存許多資訊的奈米晶片。
NANO
你們知道壁虎吧？
可以貼在牆上走！
因為壁虎腳掌上有
奈米大小的皺褶跟纖毛，
所以可以緊緊貼住
天花板。
啊，
拉我出去！

仿造鯊魚皮膚的奈米構造，做出降低水中摩擦力的連身泳衣。
是在學我嗎？
利用蜘蛛絲的性質，做出防彈衣。
奈米科學
仿照荷葉做出防水衣。
水滴滾落
也可以模仿蚊子的眼睛構造，做出太陽能電池。
現在人類應該不會討厭我了吧！
哇！大自然到處都是奈米科學！
這都是因為量子力學，才能成就的事情！
只要知道原子與分子世界的法則，就可以開發出這些技術。

如果不知道
原子世界的話，
就不會有
奈米科學了吧。
聞聞
量子力學
跟我們的生活
真的息息相關。
開門
德雷克斯勒博士，
我們從印刷廠帶來了
博士的新書。
!
應該不是壞人……
但也不能鬆懈！
滑
我寫的書終於出來了！
這是集結我研究結果的書
《創造引擎》，快來看！
掏
掏

呃，
Mix 叫成
這樣……
汪
汪
汪嗚汪汪汪！
多允，雖然樣子
不一樣，但就是
他們沒錯！）
只要除掉你，
奈米科學就不會有所發展，
量子力學的重要性
就不會再擴大……
啊，
槍卡住了！
哐
算了，
不管了！
轉身
啪
咳！
砰
呃……
你還好嗎？
掉出！
你們到底
是誰？

居然又來攪局！
這次一定要……
哼
!
啊呀！
噗
啊
伍爾索普！
倒下
我……我打中了。

伍爾索普！
你還好嗎？
我……
我還好……
敏瑞，
妳還好嗎？
居然真的打中了，
真的可以讓人暈倒。
槍給我
你們到底
是誰？
你們也是！
那把槍
到底是什麼？
登登
我們是希望量子力學
消失的人！
天啊！
科學界居然
有這種
極端主義者。
暈
呃
呃
呃，假髮掉了！
伍爾索普正在變回
原本的樣子！

你們認為這樣做
可以改變什麼嗎？
呃！
我們要趕快
躲起來，
你快點起來！
幹嘛這樣！
還有一發子彈！
為什麼摀住
我的臉？
用力！
咦？
呃，等等！
你是……？
啪
啪
！
汪汪！
（往哪跑！
我一定要抓到你！
給你看看我勇猛的
樣子！）
嗒
噠
就是這樣
Mix！

快跑！
Mix 追過來了！被咬到的話，怎麼辦！
汪 汪 汪
在出事之前快點時空移動！
呃啊，小心啊！
啪
咻
咬
！
消失
汪汪汪！（可惜！本來可以抓到！）
咚

啊，這到底是什麼情況！真的是一團亂！
雖然沒抓到他們但Mix，幹得好！
今天要早點回家休息才行……
這是我寫的《創造引擎》的初稿，送給你們。
創造引擎
埃里克・德雷克斯勒 著
謝謝。
哇——啪
真可惜，明明可以拆穿那些壞人的真面目。
就是說啊！
居然真的打中了。不過，真的很像我認識的那個人……

嗒噠
嗒噠
這次也失敗了。
妳的屁股還好嗎？
怎麼可能會好！
來，上來！
！
蹲下
妳受傷是我的錯，我帶妳去醫院治療。
動
心
不知道會被敏瑞那孩子攻擊，也不知道 Mix 動作這麼快……我們要更小心才行！
這樣看起來，被狗咬好像也不錯～
抽痛
抽痛

第9章 壞人最後的時空移動

可以瞬間移動的量子遙傳

？
嘀嘀咕咕……
妳從剛剛開始
就在嘀嘀咕咕
些什麼？
我是說上次
時空移動時……
悄悄話
悄悄話
那次真的
很謝謝妳。
那個時候遇到的
古典力學信仰者的
那個男子……
好像是我們
認識的人。
？

是誰？
就是
科學老師！
可惡！
什麼啊！
只是長得很像而已吧！
老師為什麼要做
那種事？
噓，小聲點！
這我怎麼知道！
這……
必須做出抉擇了！

那兩個孩子好像察覺到我的身分。
這麼快就回復本來的樣子……
那時你被雷射槍打中，變回本來的樣貌時，敏瑞好像看到了。
會是什麼原因呢？
要聯絡 Boss 才行。
什麼事？
我們出了點問題。
你們又出了什麼問題！

現在已經
沒時間了！
難道成功一次
這麼難嗎？
那兩個孩子
帶著可以對抗
反物質槍的
雷射槍。
！
還有，每一次時空移動，
我們的身體就漸漸從
原本的小學生不斷長大。
上次被雷射槍打到之後，
直接變回大人。
居然像笨蛋一樣
被雷射槍打中！
是在幹嘛！
唰
真的很
抱歉……

難道是那時候
照射的光太弱？
什麼？
光嗎？
總之，
若真的是這樣，
這次的時空移動
可能就是最後一次。
如果這次
也失敗的話……
最後一次？
失敗的話
會怎樣？
沒事，
快點去吧。
掛了。
這次好像是
最後一次的時空移動，
只剩下一次機會了。
最後
一次……
一定要讓
多允和敏瑞
永遠留在過去
回不來。

隔天
敏瑞真的是做了件大事，保護了多允！
暴風吸入 小吃店
拉
年糕
嘿嘿～不要這麼說。
這次本來可以抓住那些壞人，有點可惜。
你們可以平安回來更重要。
如果危急時刻，可以讓科學家們瞬間移動的話，該有多好。
瞬間移動？
人類還沒辦法瞬間移動，如果是粒子的話，或許還有可能。
粒子能瞬間移動嗎？
是啊，利用量子力學的特性，開發出最棒的技術，就是「量子遙傳」！
嗯……那這次要去了解一下這部分囉。

這樣的話，那就去見
安東・塞林格教授。
他是世界
首位
成功做出
量子遙傳
實驗的
科學家。
好的，阿公。
……
我們也
出發！
以為躲起來
我就不知道了嗎？
一九九七年，奧地利
因斯布魯克大學
什麼？
你們為了見我
而時空移動過來？
因為我在研究
瞬間移動，
才開這種玩笑嗎？
哈哈！
我們聽說教授是
世上首位成功做出
量子遙傳實驗的人。

沒錯，那個實驗
太偉大了。
超滿意
你們覺得
何時瞬間移動最好？
想從動物醫院
逃出來的時候……
過年過節回鄉下，
塞車時，
最想瞬間移動。
那個可能要
遙遠的未來
才有可能實現。
不是說
量子遙傳實驗
已經成功了，
那就有可能成真，
不是嗎？
並不是像說的
那樣簡單。
所謂瞬間移動，
字面的意思就是某一物體即時移動到另一個地方。
咦！
跑去哪裡了？
啪
啪

也就是說某一物體消失的同時……
請準備……
B
A
會同時出現在另一個地方，
所以移動的時間是 0 秒的意思。
咻！
移動時間 0 秒！
但這是不可能的事情。
可是電影看到的
瞬間移動，
很簡單就能去到
自己想去的地方。
電影《移動世界
（Jumper）》
鏘鏘！
唰
唰
JUMPER
因為那是
電影啊！
愛因斯坦的狹義相對論證明，
瞬間移動是不可能辦到的事。
狹義相對論
啪
任一物質都不可能
跑得比光快，
這是狹義相對論的
結果。
光
可以跟上的話
就跟上看看吧！

就算會
稍微花點時間，
應該也能在
短時間內，移動到
另一個地方吧？
舉例來說，
十二點在A站的人，
若兩點三十分要出現在
500 公里外的B站的話呢？
A站
12:00PM
B站
2:30PM
搭高鐵
不就好了？
瞬間移動
哐 哐
沒錯，
但那不能稱為
瞬間移動。
就只是
移動而已！
對耶！
若我們要以接近
光的速度移動的話……
根據狹義相對論，
質量會逐漸增加，
因此需要極大的能量。
火箭的質量
無限大
光速
需要無限大的能量

舉例來說，50 公斤的人，
要以接近光的速度移動的話……
在做什麼？
不准看！
50 公斤
光速！
需要大約十幾顆
原子彈的能量。
這是因為愛因斯坦
有名的理論 E=mc²。
E=mc²
能量
質量
光速
因為光的速度相當快，
所以要以那樣的速度運行時，
就需要相對大量的能量。
人類如果用
光的速度移動，
身體應該會不見。
不只人，
就算是輕盈的物體
要用光的速度移動，
也需要許多能量。
光速！

所以科學家認為可以將物體的模樣與架構的資訊放入光中，在另一端重現原本的樣貌。
唰
唰
唰
我去去就回。
這個在電影《星際爭霸戰》中有看過！
原來如此！
但是這個方法也有問題。
唉唷
原子
x 10
28
我們的身體是由10 的 28 次方個原子組成，這是 1 兆乘以 1 京的龐大數量＊。
不論如何快速傳送，都會耗費數億年的時間。
必須放棄瞬間移動了
再加上必須知道原子的位置與動量，根據海森堡的測不準原理，兩者要同時準確測量是不可能的事情。

＊「兆」和「京」都是數字單位，1 兆是 1 萬億，1 京是 1 萬兆。

所以可以做到的……
就是量子遙傳！
量子遙傳不是
直接傳送物體，
而是傳送
物質的狀態。
要認識量子遙傳，
就必須先認識
「量子糾纏」。
量子糾纏？
所謂量子糾纏，
是兩個原子
不論相距多遙遠……
只要一個原子狀態
確定的同時，
另一個原子的狀態
也隨之決定的現象。
同心
同德！
心心
相印！

舉例來說，假設 A 原子與 B 原子是量子糾纏的關係。

量子糾纏
A
B
C

將 B 送到位於遠處 C 之後……

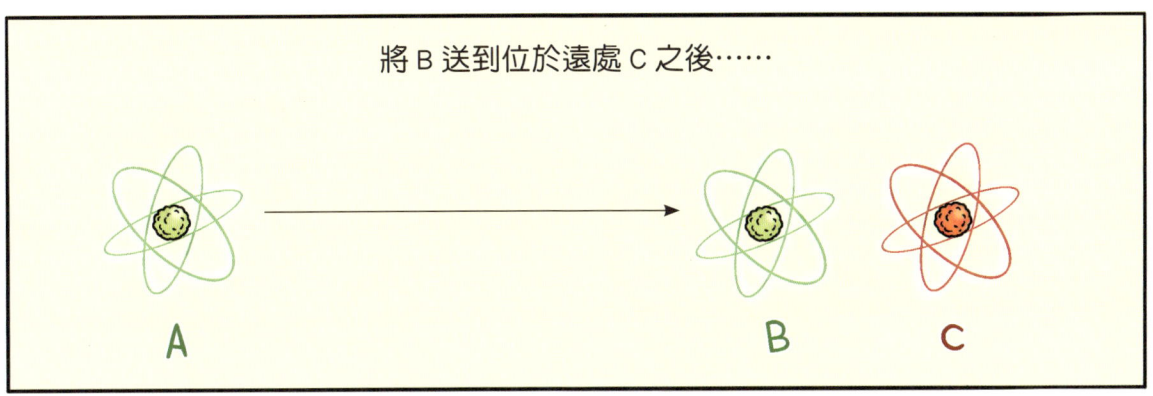

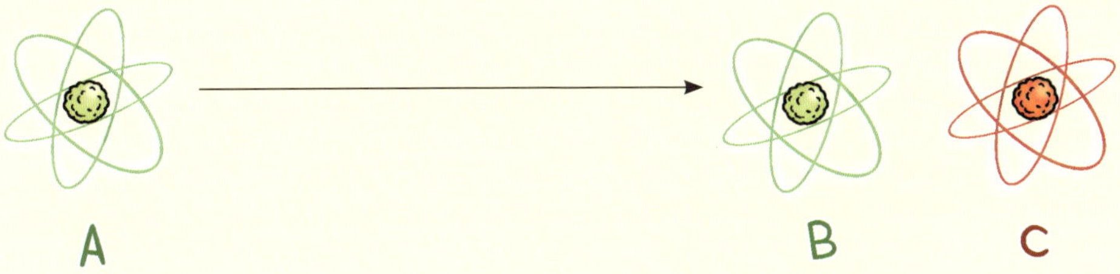
A
B
C

如果 C 的狀態傳遞給 B 時……

傳遞狀態
A
B
C

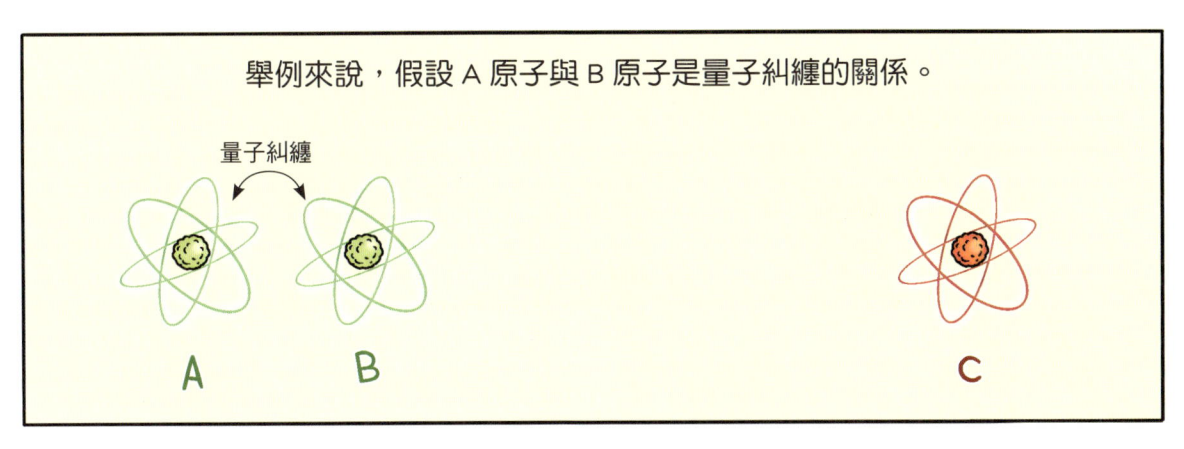

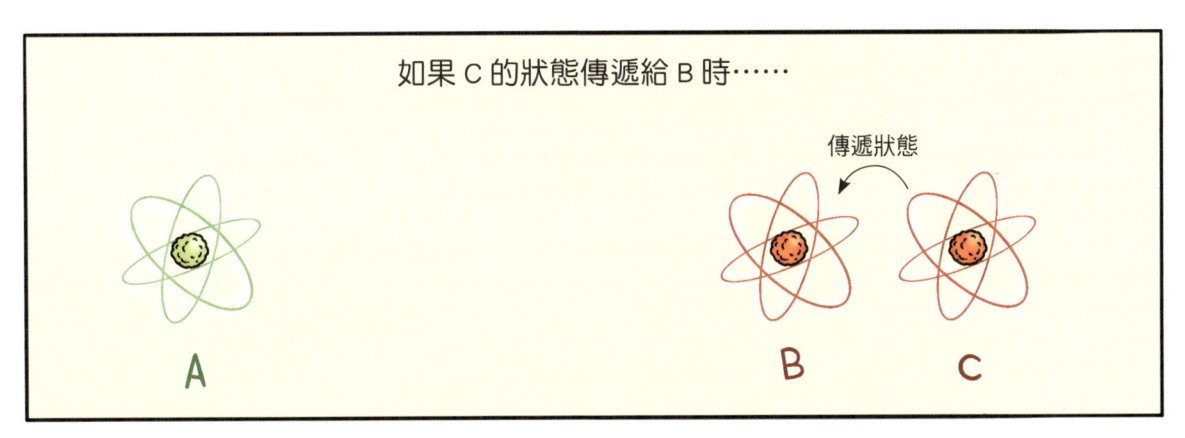

因為 A 與 B 糾纏，所以馬上能決定 A 的狀態，
從 A 的狀態就可以得知 C 的狀態，也可以說是 C 的狀態傳遞給 A。

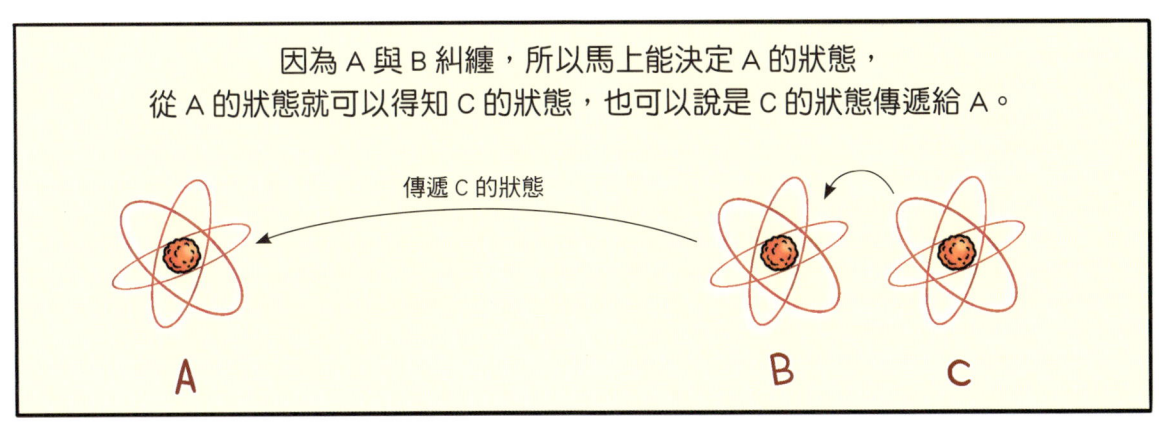

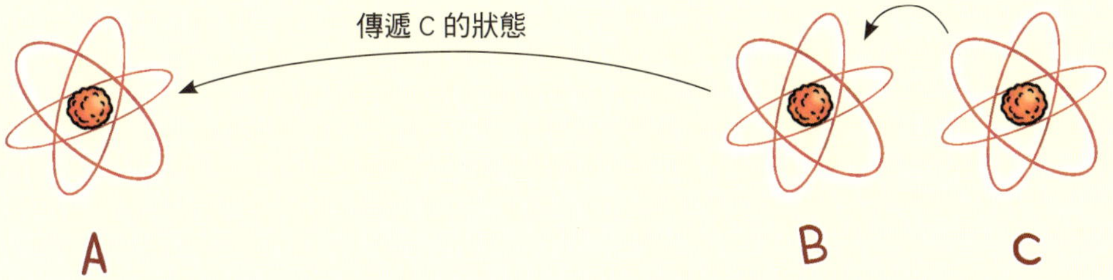
傳遞 C 的狀態
A
B
C

現在量子遙傳
只在實驗室裡
成功過。
收到了嗎？
收到了。
將來一定可以
更容易的傳送到
數百公里外的地方。
另一邊
什麼？
你要摘下面具
直接進去？
拉
開
是的，反正這是
最後一次時空移動。
現在也不需要
隱藏了！
畢竟是最後一次
機會！
噠
噠
噠
喀拉
開
門

說什麼量子遙傳！
我不會坐視不管！
科……
科學老師！
哐
果真！
汪汪
怎麼會……
所以到目前為止
妨礙我們的人
就是老師？
我說過了，
有古典力學
就夠了。
太不像話了，
我不相信……

你是誰？那把槍
又是怎麼回事？
我已經講過
很多次了，
今天我就不多說！
舉起
啊！
雷……
雷射槍！
不見了！
就用這一槍
終結
量子力學！
輕壓

多允，
我已經先把雷射槍
拿出來了！
哇
啪
噗
哐

哐
呃啊！
這衝擊
好大！
碰
汪！
嗒
噠
咬
Mix，
做得好！
啊，槍被
搶走了！
噠噠噠
唉，結果連
這最後也……
我們要先跑了！
隨便抓個什麼吧！
啪
唰
唰
居然不見了！
是瞬間移動嗎？
是時空移動

嗒噠 嗒噠
唉，
最後的機會失敗了，
連反物質槍都被搶走！
欸!
你的手臂!
我是笨蛋……
真的是笨蛋！
伍爾索普！
你的身體怪怪的，
手掌和手臂都變透明了！
咦！為什麼
會這樣？
應該是因為時空移動
發生了問題！
快點去祕密研究所找 Boss ！
喔…好！
這下可以找出
對方到底是誰了。

第10章
量子力學繼續前進
說明原子世界必要的量子力學

計程車！
請跟著前面那台車！
噗噗
啊，
阿公去跟蹤
科學老師了！
敏瑞，
我們也跟上吧！
阿公可能會遇到危險。
好。
計程車！
Boss！
我們現在要過去研究所，
我的身體開始變透明了！
什麼？
果然！

伍爾索普！
那台計程車從剛剛
就一直跟著我們！
什……
什麼！
什麼？
你們還被跟蹤！
因為是最後一次的
時空移動，
想著一定要成功，
但還是失敗了……
連反物質槍
都被搶走……
你說什麼！
嗚嗚
跟蹤你們的人
一定是多允的
阿公。
啊？
孩子們有雷射槍，
一定是多允阿公給的。
這表示他們
已經發現我們了！

總之先甩掉他再過來！
是！
Yes ！
唧唧
司機先生！請一定要跟緊他們！
開心
嘻嘻
老人家，請不用擔心！
踩
噗噗
伍爾索普，現在沒看到他了。
呼，看來是甩開了。

南山
嘟嘟嘟
開門聲
假裝尾隨失敗的
開車技術
真的太厲害了，
謝謝您。
托您的福，
讓我可以感受
跟蹤的快感，
哈哈！
從那邊
進去嗎？
堵住了，
一定有
其他通道……
摸索
摸索

壓
落
掉
啊！
阿公剛從
那裡進去了。
阿公，
您在哪裡？
阿公！
小聲
小聲
多允、敏瑞！
我在這裡！
阿公！
壞人挖了陷阱。
不過你們
怎麼知道
要來這裡呢？
我們看到阿公
跟蹤老師，
所以也跟了過來。

多允，
這裡有繩子！
太好了！
用力
呼——！
阿公，一直以來妨礙我們的壞人
就是科學老師。
我也知道
他們是誰了。
另一邊
Boss，我的身體
為什麼會變透明？
你知道些什麼對吧？
拉開

因為
我也一樣。
啊！
您的臉！
哐
喵嗚
一開始我也很難過，
但過了一段時間後，
反而能平靜的面對，
甚至覺悟了
我該做什麼事情。
以前和
多允的阿公在
粒子加速器
實驗室被光
照到時……
啪
啊
雖然只是照到
身體的一部分。
在那之後，隨著
每一次的時空移動，
我的臉變得
越來越透明。
呆…
這是什麼意思？
所以伍爾索普一輩子
都會跟 Boss 一樣嗎？
難道……
你明知道
我會變成這樣，
還讓我
被光照射嗎？

我會變成這樣，
都是量子力學的錯，
只要能消滅量子力學，
我什麼都做得出來！
我為什麼
沒事呢？
應該是妳的
體型比較小，
光的能量是足夠的。
就是
運氣好。
太不像話了……
果然是你！
登
登
居然
找到這裡來啦，
老朋友……
你還好嗎？
為什麼不跟我
聯絡？

但是古典力學
無法說明原子世界
發生的事情！
我不需要你的幫忙！
我一定要消滅
把我變成這樣的
量子力學！
知道看不見的世界
有什麼用？況且
就是那可惡的量子力學，
才把我的臉弄成這樣！
我們生活的世界
全都由原子組成，
要說明原子世界，
就一定要有量子力學。
所有的學問
都有光明與黑暗面，
一定可以利用量子力學
找出恢復的方法！
看得見的東西都很難了，
更何況是要找出
看不見的東西，
這只是浪費時間而已。
你看！不只是你，
現在連那個年輕人
的人生都要毀了！
不要這樣，
跟我一起研究
應用量子力學的
新技術吧！
伸手

別說這種沒用的話！我已經下定決心要創造一個不需要量子力學的世界！
喵嗚
你才是不要說那種莫名其妙的話！
已經來不及了，你不可能讓我改變心意的。
按
開啟
啊，Boss！
我現在該怎麼辦！請幫我找回我的身體！
你就當是阻礙量子力學留下的勳章，去買雙手套吧。告辭！
居然完全不幫我，就這樣走了。

轟
轟
那個人
最終還是……
感覺不太妙，
快點帶我去照光的地方！
呃？
要快點救伍爾……不！
是救科學老師！
啊，好的！
請跟我來。
嗒
噠
在這邊！

我看看……
這個……
嗯……
是這個嗎？
滴
10:00
咦？這是？
在沒有 Boss 的許可
動這些裝置的話，
好像會啟動自爆裝置！
快沒有時間了！
怎麼
這樣！
滴
滴
滴
09:21
我盡量
動作快一點！
我錯了。
我就只能這樣
過一生了……
08:35
應該都設定好了，
快點讓他去照光。

哐
你要我怎麼相信你？
你這人！我是多允的阿公，難道我會傷害我孫子的老師嗎！
應該是第一次照光時，沒有設定好正確的光能，所以當你反覆時空移動，又被雷射槍打到的情況下，導致時空移動的資訊錯誤，身體才會變成這樣。你現在打算怎麼做？
伍爾索普，你不能一輩子都這樣啊，就相信他一次吧！
啪
呃！
快，快進去！
嗯
好，開始！
按

啪
啊
啪
倒地
阿公，老師的身體恢復原狀了！
喔喔！
太好了
老人家，真的很謝謝您，嗚……
啊，我們得快點出去！
01:2
轟隆
轟隆
糟了，出口被堵住了！

往這邊！
這邊有
祕密通道！
往這裡！
按
開 啟
哇！
好險！
快跑！
嗒噠
嗒噠
嗒噠
滴
滴
滴
00:01
爆 炸

轟隆
研究室居然就這樣
崩塌消失了……
天啊，
我還活著！
孩子們，
我很對不起你們，
身為老師還做這種事情。
你們可以原諒我嗎？
老師，沒關係的。
可是老師為什麼會做
這種事情呢？
有段時間我很認
真研究量子力學，
並攻讀博士班。
可是量子力學之路
越走越困難，
再加上家裡經濟
出現問題。
那時 Boss 出現，
告訴我不用學習
量子力學
也能過得很好，
並邀請我進入組織，
所以我就……

真的很對不起
大家……
不要太自責，
現在覺悟了
就好。
量子力學是理解這個世界
必須要有的理論。
人類從
很久很久以前
就很好奇物質
是由什麼組成。
為了解開這個疑惑
不停的研究，
直到發現所有物質
是由無法再分割的
原子組成。
道耳頓
道耳頓原子說！
之後接續研究原子，
直到有人提出原子是不是
真的不能再分割的疑問。
湯姆森跟
拉塞福等科學家，
發現了
原子是由原子核
與電子組成。
湯姆森
拉塞福

＊由波耳提出，用來解釋量子現象，是量子力學的基本原理之一。

可是量子力學
真的很難懂。
要理解看不見的世界
本來就不是件
簡單的事情。
所以才會有許許多多的
物理學家至今都還
致力於研究量子力學，
不是嗎？
是……
因為有量子力學，
讓我們能做出電腦、
智慧型手機等，
讓生活更加方便的各種機器。
雷射的製作更是
基於量子力學。
你的身體能恢復
也是應用了
量子力學。
碰
伍爾……不！
科學老師最終
不也是因為
量子力學才能
活下來嗎？
這麼說也是，
老人家，
真的很謝謝您。

從現在開始，
我會努力研究量子力學，
創造更好的世界。
點頭
不過話說回來，
Boss 跑去哪裡了？
這個嘛……
希望他也能夠
回心轉意。
咻咻
哇～
是飛機！
等我重整組織後，
一定會再回來的！
嗡嗡
全系列完！

一起動動腦

特別命令！製造雷射

多允、敏瑞、Mix 必須做出可以對抗壞人的反物質槍的武器！
與朋友一起找出可以製造出雷射槍的雷射，需要經由何種順序啟動！
請從「開始」處出發，依據順序連結說明對話方塊。

開始！

施加光能量
到雷射器。

光通過反射鏡，
釋放出光。

在雷射器的內部
增幅光。

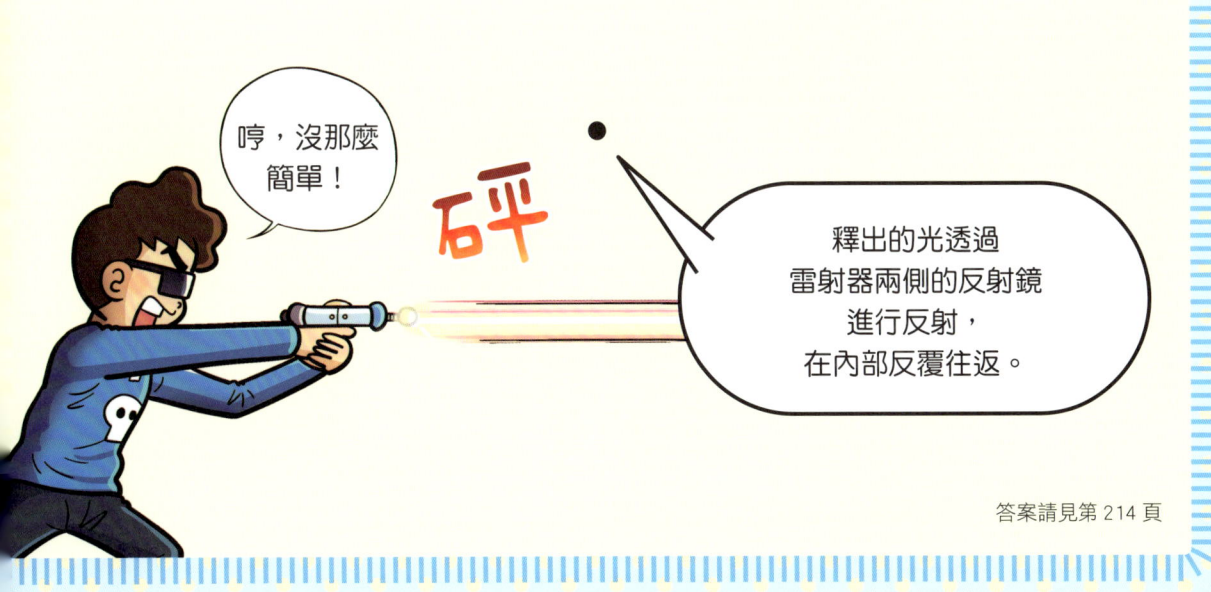

在雷射器內部發生
受激發射。

釋出的光透過
雷射器兩側的反射鏡
進行反射，
在內部反覆往返。

答案請見第 214 頁

解答

從費曼圖迷宮逃出！

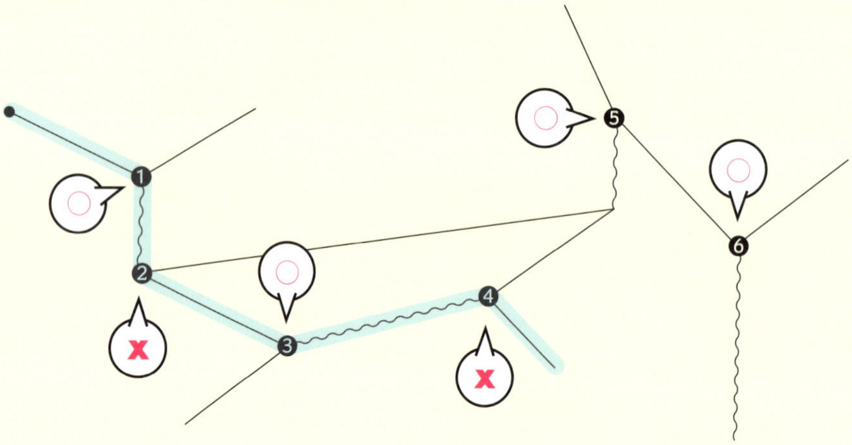

特別命令！
製造雷射

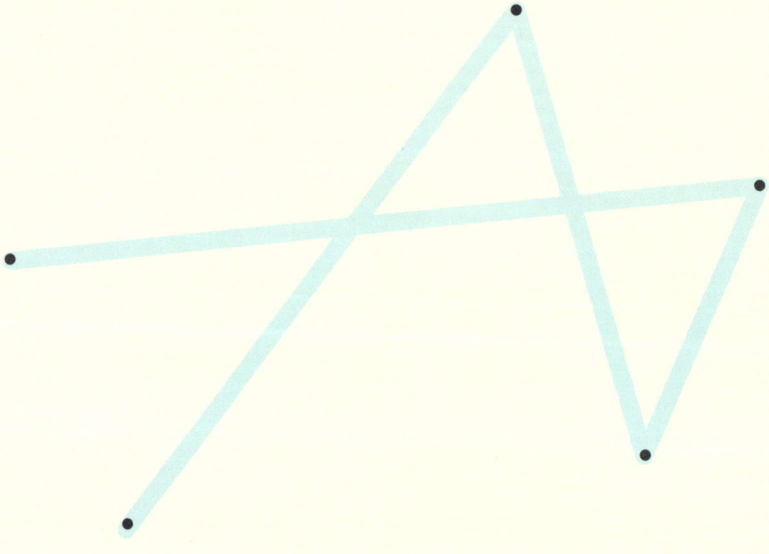

用兩種遊戲方式享受
科學家角色卡

第一種遊戲方法 一二三，誰贏了？

組合拿到的卡片，分數最高的就是贏家。

1. 混合所有卡片後，平均分配卡片，卡片只能自己看。

2. 所有參加者喊出「一二三」之後，同時秀出卡片，將可以組合的卡片兩兩一組拿出來，沒有的話就拿一張。

3. 擺出的卡片分數最高的人可以拿走所有的卡片。

4. 遊戲持續進行，最後會有一人拿走全部卡片，那個人就是勝者，遊戲結束！

第二種遊戲方法 是誰是誰？猜猜那是誰！

模仿角色的表情與行為，猜猜是誰的遊戲。

1. 混合卡片後，一樣分配好卡片，只能自己看。

2. 決定好參加者遊戲順序。

3. 輪到自己時，選出手上的一張卡片，並模仿表情與行為。

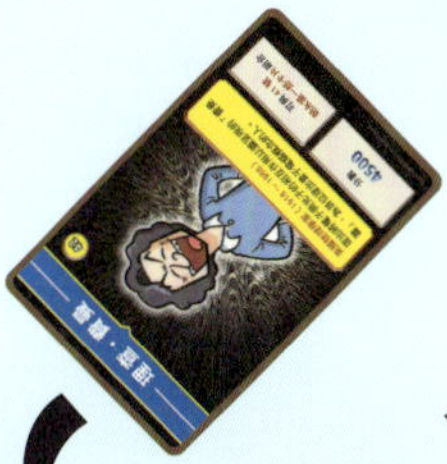

4. 其他人猜猜看是哪一位科學家，猜對的人可以拿走那張卡片。

5. 遊戲持續進行，最後會有一人失去所有卡片，遊戲結束，持有最多卡片者就是勝者。

小麥田

知識館

漫畫量子力學 5

量子科技誕生

雷射、奈米機器人、量子電腦的祕密，與費曼、霍金等大科學家一起認識原子研究的新發展

초등학생을 위한 양자역학 5: 파인만과 양자 컴퓨터

作　　者　李億周 이억주
繪　　者　洪承佑 홍승우
譯　　者　陳聖薇
審　　定　秦一男
封面設計　翁秋燕
美術編排　傅婉琪
責任編輯　蔡依帆

國際版權　吳玲緯　楊　靜
行　　銷　闕志勳　吳宇軒　余一霞
業　　務　李再星　李振東　陳美燕
總 編 輯　巫維珍
編輯總監　劉麗真
事業群總經理　謝至平
發 行 人　何飛鵬
出　　版　小麥田出版
115 台北市南港區昆陽街 16 號 4 樓
電話：02-2500-0888．傳真：02-2500-1952
發　　行　英屬蓋曼群島商家庭傳媒股份有限公司城邦分公司
地址：115 台北市南港區昆陽街 16 號 8 樓
網址：http://www.cite.com.tw
客服專線：02-2500-7718；2500-7719
24 小時傳真專線：02-25001990；25001991
服務時間：週一至週五 09:30-12:00；13:30-17:00
劃撥帳號：19863813　戶名：書虫股份有限公司
讀者服務信箱：service@readingclub.com.tw
香港發行所　城邦（香港）出版集團有限公司
地址：香港九龍土瓜灣土瓜灣道 86 號順聯工業大廈 6 樓 A 室
電話：(852)25086231
傳真：(852)25789337
馬新發行所　城邦（馬新）出版集團 Cite (M) Sdn Bhd
41, Jalan Radin Anum,
Bandar Baru Sri Petaling,
57000 Kuala Lumpur, Malaysia.
電話：(603)90563833．傳真：(603)90576622
讀者服務信箱：services@cite.my
麥田部落格　http:// ryefield.pixnet.net

印　　刷　漾格科技股份有限公司
初　　版　2024 年 12 月
售　　價　480 元
ISBN　978-626-7525-13-5

國家圖書館出版品預行編目 (CIP) 資料

漫畫量子力學. 5, 量子科技誕生：雷射、奈米機器人、量子電腦的祕密，與費曼、霍金等大科學家一起認識原子研究的新發展 / 李億周著；洪承佑繪；陳聖薇譯. -- 初版. -- 臺北市：小麥田出版：英屬蓋曼群島商家庭傳媒股份有限公司城邦分公司發行, 2024.12
面；　公分. -- (小麥田知識館)
譯自：초등학생을 위한 양자역학. 5 : 파인만과 양자 컴퓨터
ISBN 978-626-7525-13-5(平裝)

1.CST: 物理學 2.CST: 量子力學
3.CST: 漫畫

330　113014192